Table de Pythagore de la multiplication

×	0	1	2	3	4	5	6	7	8	9	10
0	0	0	0	0	0	0	0	0	0	0	0
1	0	1	2	3	4	5	6	7	8	9	10
2	0	2	4	6	8	10	12	14	16	18	20
3	0	3	6	9	12	15	18	21	24	27	30
4	0	4	8	12	16	20	24	28	32	36	40
5	0	5	10	15	20	25	30	35	40	45	50
6	0	6	12	18	24	30	36	42	48	54	60
7	0	7	14	21	28	35	42	49	56	63	70
8	0	8	16	24	32	40	48	56	64	72	80
9	0	9	18	27	36	45	54	63	72	81	90
10	0	10	20	30	40	50	60	70	80	90	100

Écritures multiplicatives à mémoriser

3 × 8 = 24	5 × 7 = 35	7 × 7 = 49
4 × 6 = 24	6 × 6 = 36	6 × 9 = 54
5 × 5 = 25	4 × 9 = 36	7 × 8 = 56
3 × 9 = 27	5 × 8 = 40	7 × 9 = 63
4 × 7 = 28	6 × 7 = 42	8 × 8 = 64
5 × 6 = 30	5 × 9 = 45	8 × 9 = 72
4 × 8 = 32	6 × 8 = 48	9 × 9 = 81

POUR COMPRENDRE LES MATHÉMATIQUES

CE2
cycle 3

J.-P. Blanc
Directeur d'école

P. Bramand
Professeur agrégé

É. Lafont
Professeur des Écoles

C. Maurin
Professeur d'I.U.F.M.

D. Peynichou
I.M.F.

A. Vargas
Directeur d'école

hachette
ÉDUCATION

Mode d'emploi du manuel

Ce manuel, conforme aux programmes de juin 2008, a été conçu dans une optique résolument constructiviste : « **Faire des mathématiques, c'est résoudre des problèmes**. » Nous avons apporté un soin particulier à la pratique du **calcul raisonné** (calcul réfléchi, calcul automatisé, calcul instrumenté), à l'**analyse de problèmes**, aux **activités géométriques** et à la recherche de l'**autonomie** des élèves.

Quelques pages d'**Ateliers informatiques** permettent aux élèves, en autonomie, d'approfondir leurs connaissances dans le cadre du B2i.

Tout au long de l'ouvrage, **une mascotte** guide les enfants par ses questions pertinentes ou ses conseils judicieux.

PHOTOFICHE 5 Ce logo indique que l'enseignant peut trouver dans le recueil *Photofiches* une ou plusieurs activités supplémentaires de soutien ou de consolidation des acquis.

Calcul mental

Consigne destinée à l'enseignant pour la conduite du calcul rapide. Des batteries complètes sont données dans le guide pédagogique.

Je m'entraîne

Mise en pratique individuelle et progressive des apprentissages abordés dans l'activité de recherche.

Compétences

Compétences des programmes 2008 traitées dans la leçon.

Je cherche

Cette activité collective est le point de départ de la leçon. Elle permet la découverte des notions à étudier. Le guide pédagogique développe la mise en œuvre de cette activité.

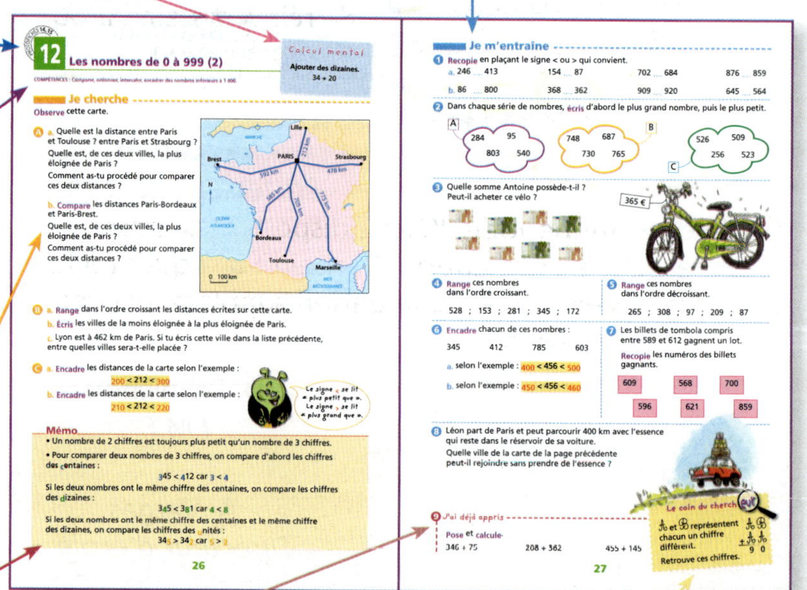

Mémo

Points importants à retenir et à réinvestir.

J'ai déjà appris

Exercice indépendant de la leçon permettant de consolider des acquis.

OU

J'apprends à calculer

Exercice proposant une technique de calcul réfléchi.

Le coin du chercheur

Exercice ludique faisant appel à la logique ou à l'observation.

Des problèmes pour découvrir le monde

Les enfants mettent en œuvre leurs acquis en résolvant des problèmes portant sur des notions interdisciplinaires. Ceux-ci leur permettent de raisonner, d'argumenter, de pratiquer une démarche de résolution.

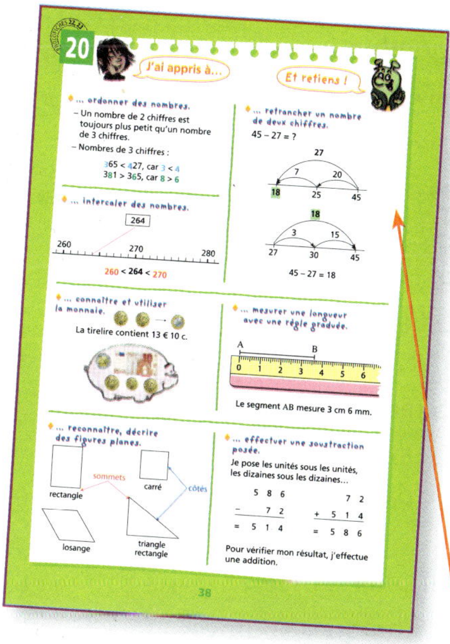

J'ai appris à...

En fin de demi-période, cette page permet à l'élève de dégager ce qu'il est important de retenir en dehors du contexte qui a permis de l'introduire (décontextualisation). Elle peut avoir un rôle de « cahier-outil » lors de situations de réinvestissement ou de remédiation.

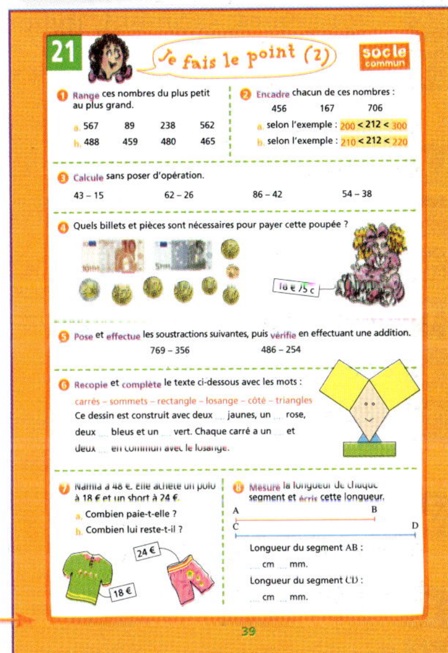

Je fais le point

En fin de demi-période, l'élève dispose d'exercices préparatoires à l'évaluation. L'enseignant, quant à lui, trouvera des exercices d'évaluation supplémentaires dans le guide pédagogique.

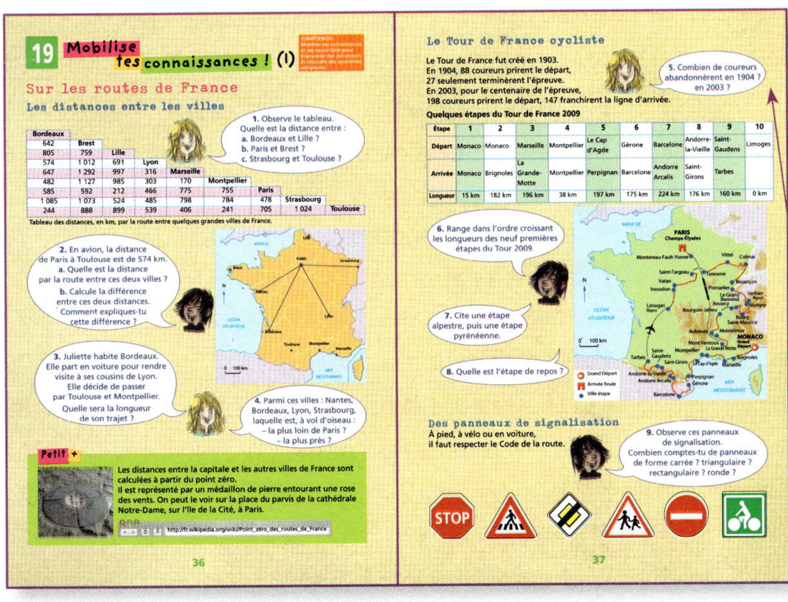

Mobilise tes connaissances !

Situations plus complexes, en relation avec d'autres domaines de savoirs. Leur résolution nécessite la mobilisation de plusieurs catégories de connaissances.

Sommaire

Période 4

Période 5

Sommaire par domaine mathématique

Nombres et calcul

Géométrie

Grandeurs et mesures

Organisation et gestion de données

Bienvenue au CE2

1. Au cinéma, le tarif *Adultes* est le double du tarif *Enfants*. Quel est le tarif *Adultes* ?
2. Aminata va au cinéma avec son petit frère et ses parents. Combien vont-ils payer ?
3. Le tramway passe toutes les 30 minutes. Quels horaires de passage du tramway ont été effacés sur le panneau ?
4. **Recopie** et **complète** avec l'unité qui convient les bulles des clientes du marchand de légumes et les deux panneaux bleus.
5. Quel est le numéro de l'emplacement où se tient le chien Bouboul ?
6. Quelles figures reconnais-tu sur le grand mur jaune ?
7. 85 voitures sont garées dans le parking. Combien reste-t-il de places libres ?

8 Quelle est la date de l'anniversaire des jumeaux ?

9 Range les cartes d'Alice dans l'ordre croissant.

10 À quelle heure Lucas doit-il revenir ?

11 À quelle heure Julie a-t-elle son cours de natation ?

12 Dans quelle main Grand-père tient-il son mètre à ruban ?

13 Quelle est la longueur du ferry : 150 m ou 150 km ? L'embarquement des passagers dure-t-il 30 s ou 30 min ? Pour aller en Corse, le ferry met-il 11 heures ou 11 jours ?

14 Tom et sa classe ont réservé 7 cabines de 4 lits sur le ferry. Combien de lits ont-ils réservés ?

Dans ce dessin, tu peux trouver de nombreux détails illustrant les notions mathématiques étudiées dans la période, comme l'indique le tableau de la page 11. En voici quelques-uns.

Trouves-en d'autres.

Reconnaître, nommer des figures géométriques.

Résoudre des problèmes.

Comparer, ranger, encadrer des nombres.

Période 1

	Leçons		Leçons
• Connaître, écrire et nommer les nombres entiers.	1, 5	• Utiliser un tableau.	9
• Calculer mentalement des sommes, des différences.	2, 7, 13	• Repérer des nœuds d'un quadrillage.	4
• Utiliser en situation le vocabulaire : alignement, segment, milieu…	6	• Effectuer un calcul posé : l'addition, la soustraction.	8, 17
• Utiliser des instruments pour mesurer des longueurs.	3, 14	• Connaître la monnaie : l'euro et le centime.	15
• Comparer, ranger, encadrer des nombres.	12	• Reconnaître, nommer des figures géométriques.	16
		• Résoudre des problèmes.	18, 19, 22

PHOTOFICHES 1, 2, 3

1 Les nombres de 0 à 99

Calcul mental

Ajouter des petits nombres.

4 + 5

COMPÉTENCES : Lire, écrire, ordonner, intercaler les nombres inférieurs à 100.
Associer les désignations chiffrées et littérales des nombres.

Je cherche

Avec ces trois chiffres, **écris** tous les nombres possibles de deux chiffres. N'utilise pas deux fois le même chiffre pour écrire un nombre.

Range-les du plus petit au plus grand.

Associe chacun de ces nombres à son wagon. Quel wagon sera vide ?

Je m'entraîne

1 **Écris** en chiffres.

a. quatre-vingts ; soixante-dix ; cinquante ; quatre-vingt-dix

b. soixante-huit ; quatre-vingt-treize ; quatre-vingt-sept ; soixante-douze

2 **Écris** en lettres.

a. 90 ; 60 ; 40 ; 70

b. 74 ; 85 ; 97 ; 67

3 **Range** ces nombres du plus petit au plus grand.

4 **Recopie** et **complète** les suites de nombres.

a. 50 ; 55 ; 60 ; .... 100.

b. 98 ; 88 ; 78 ; .... 8.

c. 25 ; 28 ; 31 ; .... 55.

5 Les billets compris entre 84 et 93 gagnent un lot.
Écris les numéros des billets gagnants.

Mémo

60 : soixante 70 : soixante-dix 80 : quatre-vingts 90 : quatre-vingt-dix

2 CALCUL RÉFLÉCHI Ajouter, retrancher un petit nombre

Calcul mental

Dictée de nombres.
68

COMPÉTENCES : Ajouter ou retrancher un nombre d'un chiffre avec passage de la dizaine.

Je comprends

A Julie et Christopher calculent 46 + 7.

Je décompose 46 en 40 + 6.

Recopie et **complète** le calcul de Julie.

46 + 7 = 40 + 6 + 7
46 + 7 = 40 + ...
46 + 7 = ...

6 + 7 est plus grand que 10.
46 + 7 est donc plus grand que 50.
Je calcule le complément à 50.

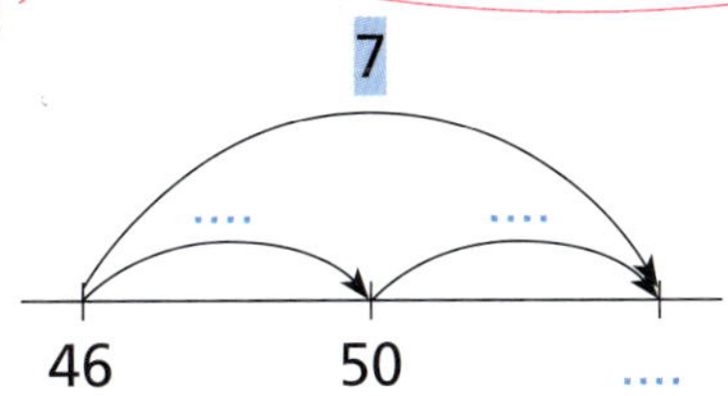

Aide-toi du schéma pour **terminer** le calcul de Christopher.
Pour aller de 46 à 50, c'est 4.

46 + 7 = 46 + 4 + ...
46 + 7 = 50 + ...
46 + 7 = ...

B Sonia calcule 42 – 5.
Aide-toi du schéma pour **terminer** son calcul.

42 – 5 = 42 – 2 – ....
42 – 5 = 40 – ....
42 – 5 = ...

5 = 2 + 3.
Je retranche 2, puis je retranche 3.

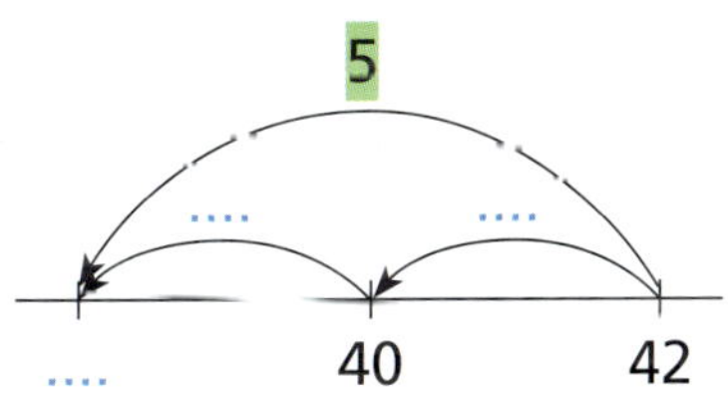

Je m'entraîne

1 **Calcule.**

a. 36 + 5 ; 64 + 7
58 + 6 ; 47 + 8

b. 35 – 7 ; 43 – 5
55 – 6 ; 47 – 8

2 Au saut en hauteur, Lise a sauté 65 cm et Chloé 6 cm de moins.
Quelle hauteur Chloé a-t-elle sautée ?

3 Hector pèse 34 kg. Son grand frère Arthur pèse 8 kg de plus et sa petite sœur Juliette 7 kg de moins.
Combien pèse chaque enfant ?

4 *J'ai déjà appris*

Écris en chiffres.

soixante-douze
quatre-vingt-quatre
quatre-vingt-quatorze
quatre-vingts
quatre-vingt-dix
quarante

Le coin du chercheur

Prends une feuille de papier rectangulaire et réalise cette figure par pliage.

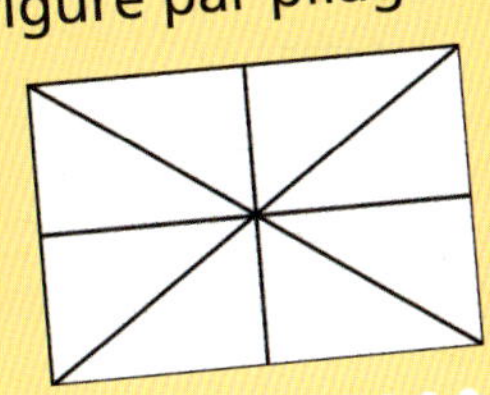

PHOTOFICHE 5

3 Comparer des longueurs

COMPÉTENCES : Comparer et reporter des longueurs avec une bande de papier.

Calcul mental

Ajouter des petits nombres.

7 + 5

Je cherche

A **Utilise** une bande de papier pour comparer les longueurs des segments **a** et **b**.
Quel est le segment le plus long ?

B **Utilise** une bande de papier pour reporter la longueur des lignes **c** et **d** sur le quadrillage de ton cahier comme ci-dessous.

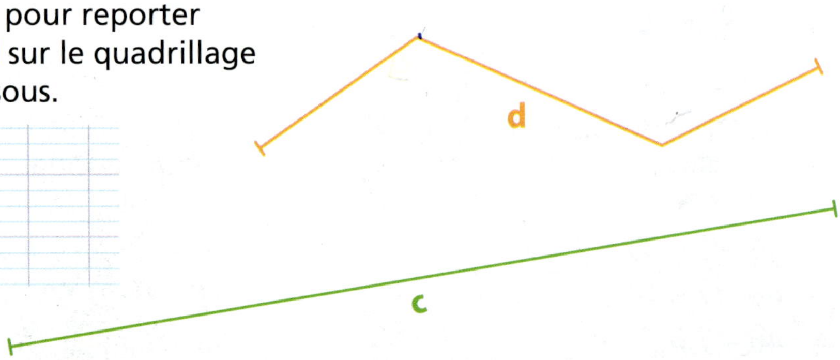

Quelle est la ligne la plus longue ?

Je m'entraîne

1 **Utilise** une bande de papier pour ranger ces segments du plus long au plus court.

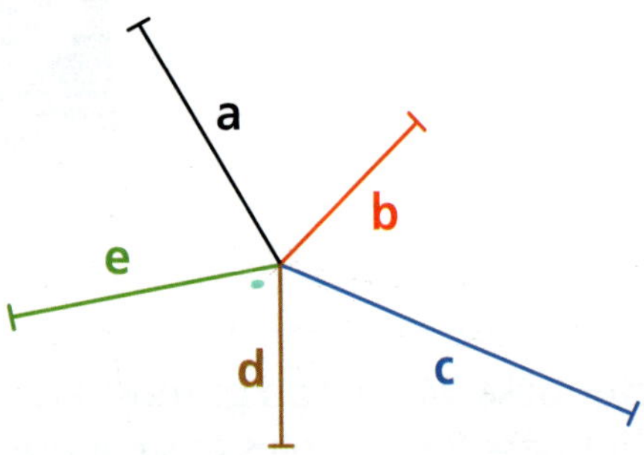

2 Pour savoir quelle est la ligne la plus longue, **reporte** leur longueur sur le quadrillage de ton cahier et **compare**-les.

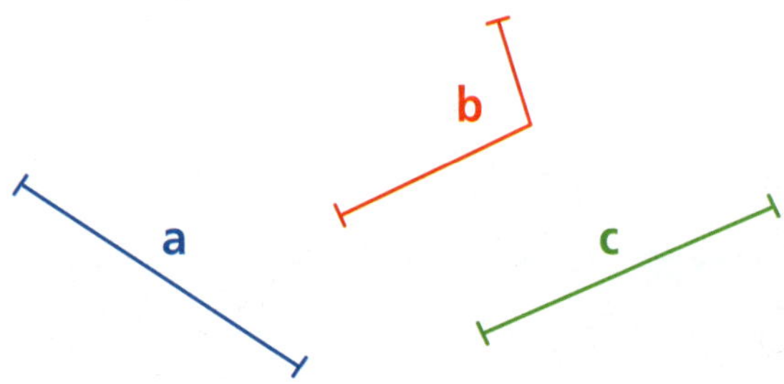

3 *J'apprends à calculer*

Observe et **calcule**. 62 – 10 = 52

28 – 10 46 – 10 70 – 10 99 – 10 87 – 10

Mémo

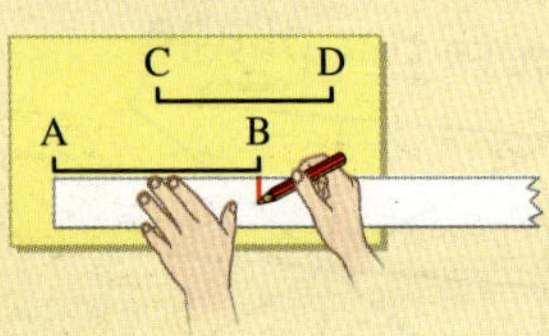

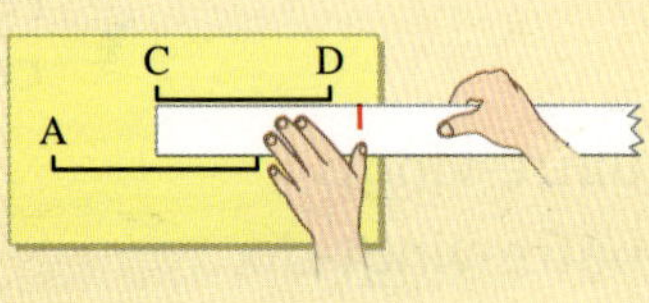

Le segment AB est plus long que le segment CD.

PHOTOFICHES 6, 7

4 Reproduction sur quadrillage

COMPÉTENCE : Repérer des positions relatives sur un quadrillage pour reproduire une figure.

Calcul mental

Ajouter des petits nombres.
8 + 7

Je cherche

Reproduis le triangle ABC sur ton cahier.

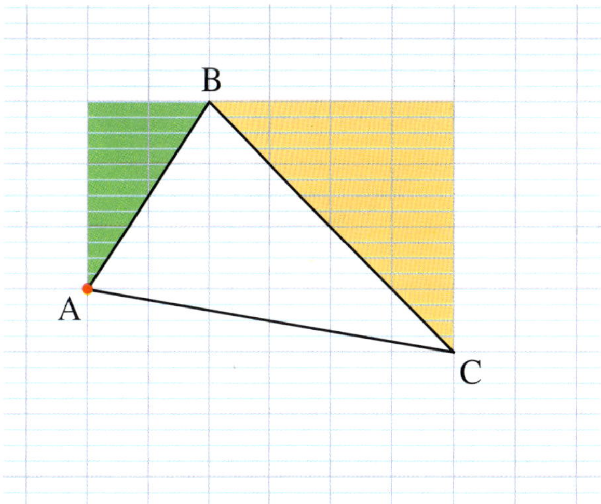

Je m'entraîne

1 **Reproduis** le triangle ABC.

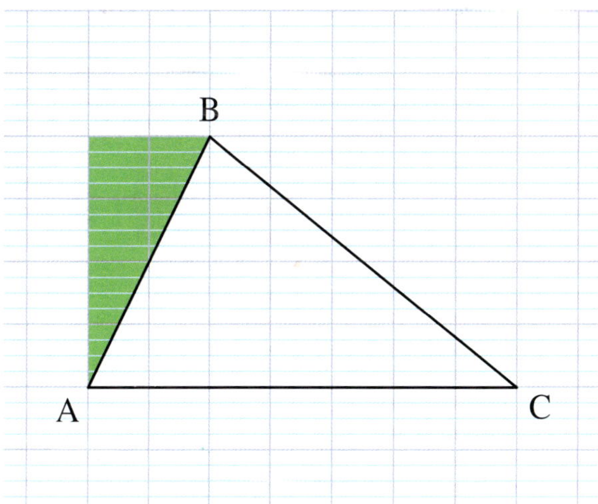

2 **Reproduis** le quadrilatère EFGH.

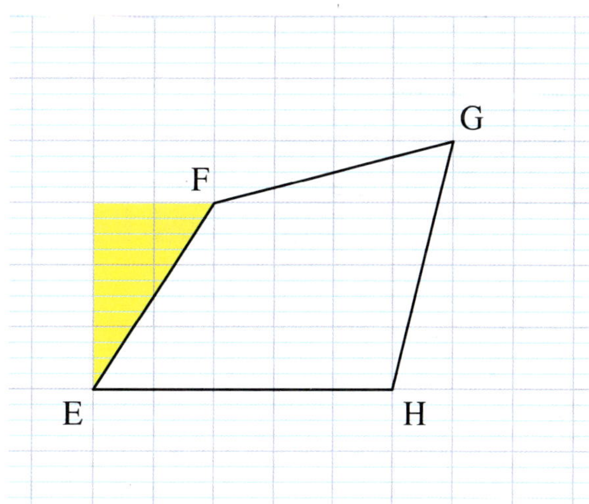

3 *J'apprends à calculer*

Observe et **calcule**. 37 + 20 = 57

a. 16 + 20 45 + 30 34 + 30 28 + 40

b. 23 + 40 15 + 50 76 + 20 27 + 70

Le coin du chercheur

Lorsque tu écris les nombres entre 50 et 100, combien de fois utilises-tu le chiffre 8 ?

PHOTOFICHE 8

5 Les nombres de 0 à 999 (1)

Calcul mental

Ajouter un nombre d'un chiffre.

11 + 3

COMPÉTENCES : Lire et écrire les nombres inférieurs à 1 000 en chiffres ou en lettres.
Décomposer les nombres inférieurs à 1 000 en centaines, dizaines et unités.

Je cherche

A a. Lila et Mehdi tirent une carte de chaque boîte.
Recopie et **écris** le nombre obtenu par chacun.

3 centaines .... dizaines .... unités
300 + ... + ... = ...
trois cent cinquante-sept

.... centaines .... dizaines .... unités
.... + ... + ... = ...
....

b. Agathe et Clément tirent chacun deux cartes. **Écris** leur nombre.

700 + ... = ...
sept cent ....

....
....

B Voici les nombres tirés par Julie et Antoine.
Décompose les nombres obtenus par chacun et **dessine** les cartes de leur tirage.

J'ai obtenu sept cent vingt-trois !

Et moi quatre cent quatre-vingt-dix !

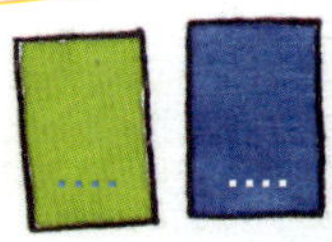

723 = ... + ... + ...
723 c'est .... c .... d .... u

490 = ...
490 c'est ....

C **Réponds** à la devinette de Mathéo.

Je suis plus petit que 200.
Mon chiffre des dizaines est le double de celui des centaines.
Mon chiffre des dizaines est la moitié de celui des unités.
Quel nombre suis-je ?

Mémo

5 3 7

c	d	u
5	3	7

cinq cent trente-sept
537 = 500 + 30 + 7

5 centaines 3 dizaines 7 unités
5 c 3 d 7 u

Je m'entraîne

1 **Écris** en chiffres.

sept cent vingt-huit
trois cent sept
cinq cent quatre-vingt-douze
six cent soixante-dix-huit
neuf cent trente
cinq cent neuf

2 **Écris** en lettres.

542 ; 680 ; 906 ; 376

3 **Recopie** et **complète** le tableau en suivant l'exemple.

537	cinq cent trente-sept	500 + 30 + 7	5c 3d 7u
....	neuf cent soixante-quinze	....	....
....	....	700 + 9	....
....	....	....	8c 4d
653	....	....	....

4 a. Quelle somme Aïcha possède-t-elle ?

b. **Dessine** les billets et pièces qu'elle donne pour acheter un appareil photo numérique à 235 €.

c. Quelle somme lui reste-t-il ?

5 **Recopie** ces nombres, puis **entoure** en **bleu** le chiffre des **centaines**, en **vert** le chiffre des **dizaines**.

6 7 3 **9 0 5** **3 6 0** **2 7 5**

6 **Réponds** à la devinette de Mathéo.

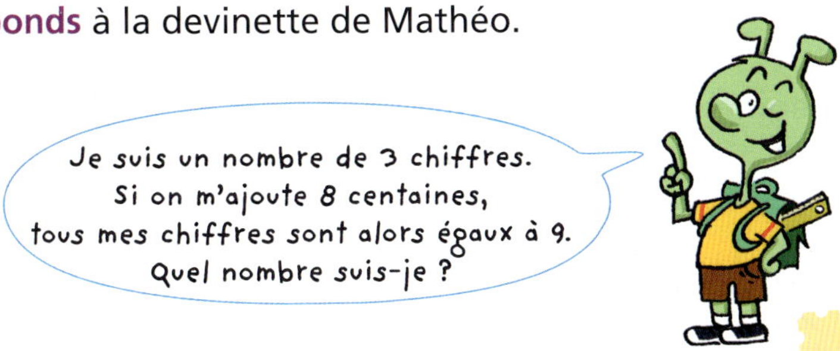

7 *J'apprends à calculer*

Observe et **calcule**. 57 – 20 = 37

36 – 20	45 – 30	54 – 30
63 – 40	75 – 50	86 – 20

Le coin du chercheur

6 Alignement, segment, milieu

PHOTOFICHES 9, 10

COMPÉTENCES : Tracer, prolonger un segment. Trouver le milieu d'un segment.

Calcul mental

Retrancher des petits nombres.

7 – 3

Je cherche

A **Place** deux points A et B sur ton cahier.

Trace le segment AB.

Place un point C aligné avec les points A et B, à l'extérieur du segment AB.

Prolonge le segment AB jusqu'au point C.

B Pour placer le milieu d'un segment, tu peux utiliser une bande de papier comme l'indique la bande dessinée ci-dessous :

Trace un segment AB et **place** son milieu I en utilisant la méthode ci-dessus.

Compare les longueurs des segments AI et IB.

C **Observe** cette figure.

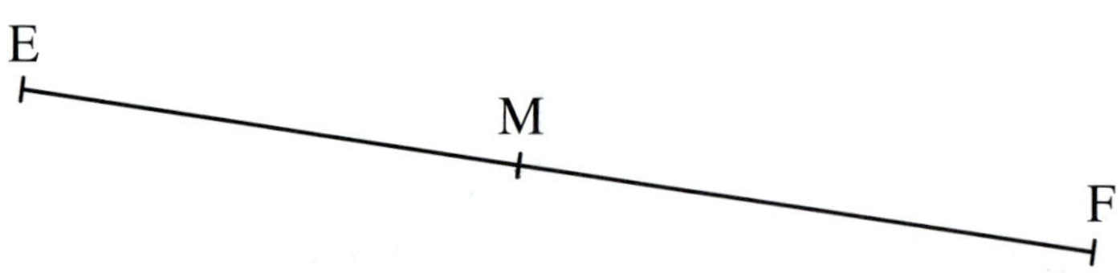

Le point M est-il le milieu du segment EF ?

Quel outil peux-tu utiliser pour le vérifier ?

Mémo

Comment prolonger un segment ?

NON !

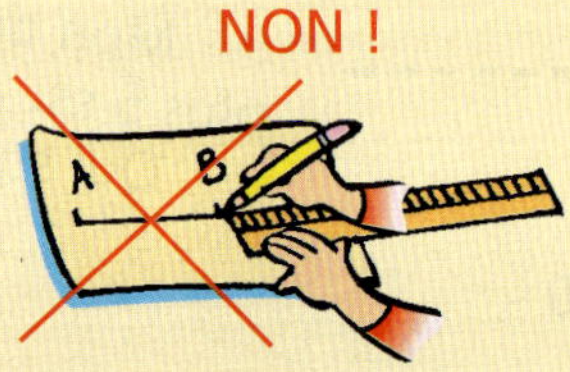

OUI…

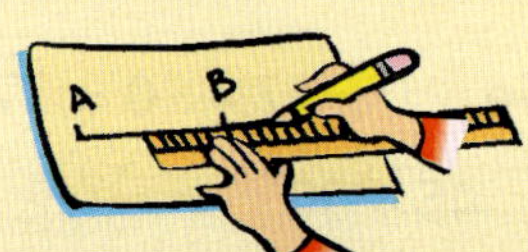

Je m'entraîne

1 **Place** 4 points A, B, C et D comme ci-dessous. **Trace** les segments AD et BC.

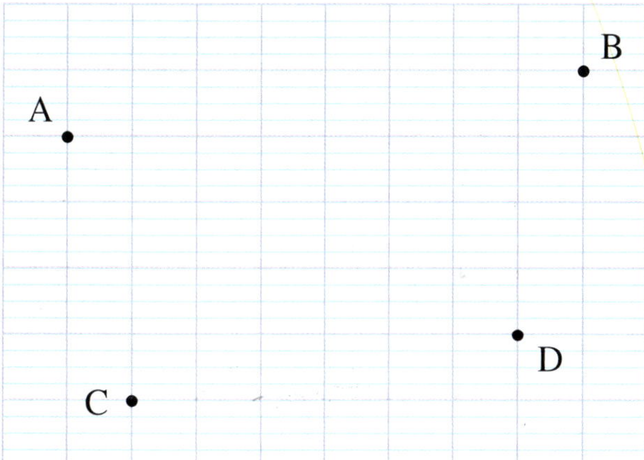

Les deux segments se coupent au point I. **Place** ce point.

Réponds par VRAI OU FAUX.

a. I est aligné avec C et B.

b. D est aligné avec A et I.

c. I est le milieu du segment AD.

2 Quels points sont le milieu d'un segment ?

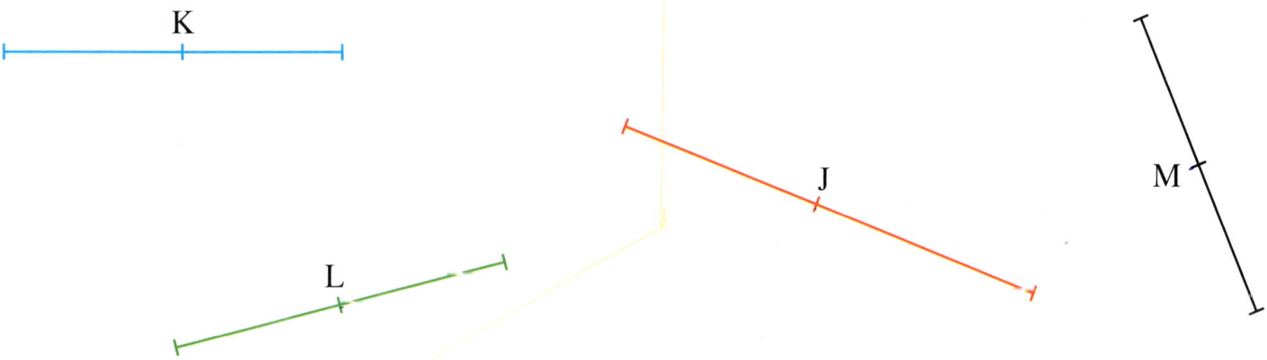

3 **Reproduis** ces segments.

Trace leur milieu.

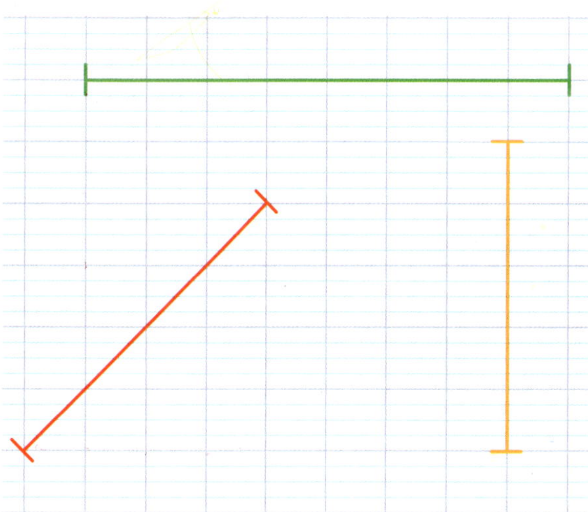

4 **Place** un point J.
Ce point est le milieu d'un segment qu'il faut dessiner et qui ne suit pas les lignes du quadrillage.

Trace ce segment.

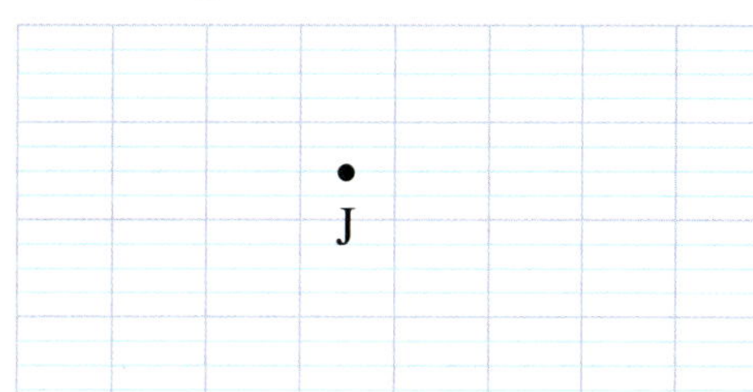

5 *J'apprends à calculer*

Recopie et **complète**.

24 + ... = 30   16 + ... = 20   35 + ... = 40

68 + ... = 70   31 + ... = 40   81 + ... = 90

Le coin du chercheur

Coralie a plus de billes que Patrice, mais moins qu'Édouard.
Qui a le moins de billes ?

7 CALCUL RÉFLÉCHI
Ajouter un nombre de deux chiffres

Calcul mental
Retrancher un nombre d'un chiffre.
10 – 3

COMPÉTENCE : Ajouter un nombre de deux chiffres.

Je comprends

a. Thalia et Louis calculent 47 + 25.

Recopie et **complète** le calcul de Thalia.

$47 + 25 = \underbrace{40 + 20} + \underbrace{7 + 5}$
47 + 25 = ... + ...
47 + 25 = ...

Recopie et **complète** le calcul de Louis.

$47 + 25 = \underbrace{47 + 20} + 5$
47 + 25 = ... + ...
47 + 25 = ...

b. À ton tour, **calcule** 36 + 28 de deux façons différentes.

Je m'entraîne

1. **Calcule** selon la méthode de ton choix.
35 + 14 26 + 42
53 + 25 24 + 37

2. **Calcule** selon la méthode de ton choix.
68 + 17 28 + 33
69 + 25 34 + 48

3. Combien de temps Adrien a-t-il téléphoné pendant ces deux jours ?

4. Combien de crustacés Caroline a-t-elle pêchés ?

5. Fatima a 25 ans et son père 48 ans. Quel âge chacun aura-t-il dans 17 ans ?

6. John a 56 timbres français et 28 timbres étrangers. Combien de timbres possède-t-il ?

Mémo

$47 + 25 = \underbrace{40 + 20} + \underbrace{7 + 5}$ ou $47 + 25 = \underbrace{47 + 20} + 5$

PHOTOFICHE 11

8 L'addition posée avec retenue

COMPÉTENCE : Maîtriser la technique de l'addition posée avec retenue.

Calcul mental

Ajouter 10.
25 + 10

Je cherche

Paul doit transporter 2 caisses et 3 colis dans sa remorque.
Lors d'un premier voyage, il transporte les 2 caisses.

Quelle est la masse des 2 caisses ?

Recopie et **complète** le calcul de Paul.

	c	d	u
		1	
	3	3	8
+	2	6	7
=	....	....	①5

Lors d'un second voyage, il transporte les 3 colis.
Quelle est la masse des 3 colis ?

Je m'entraîne

1 **Recopie** et **effectue**.

	3	5	6
+		8	7
=	....	....	....

	4	6	5
+	3	0	8
=	....	....	....

2 **Pose** et **effectue**.

a. 648 + 157 b. 525 + 67

c. 164 + 246 + 304 d. 287 + 316 + 198

3 **Recopie** et **complète** ces additions.

	3	....	8
+	....	1	....
=	8	6	0

	....	1	3
+	2	6	....
+	1	....	3
=	8	3	3

4 Le responsable d'un Restaurant du cœur compte les boîtes de conserve : 580 boîtes de raviolis, 69 boîtes de haricots verts et 178 boîtes de fruits au sirop.
Quel est le nombre de boîtes de conserve ?

5 Margot collectionne les coquillages. Elle en a déjà 148.
Sur la plage, elle en trouve encore 19 le matin et 48 l'après-midi.
Combien de coquillages possède-t-elle maintenant ?

6 *J'ai déjà appris*

Le point I est-il le milieu du segment AC ?

Le point I est-il le milieu d'un autre segment ?

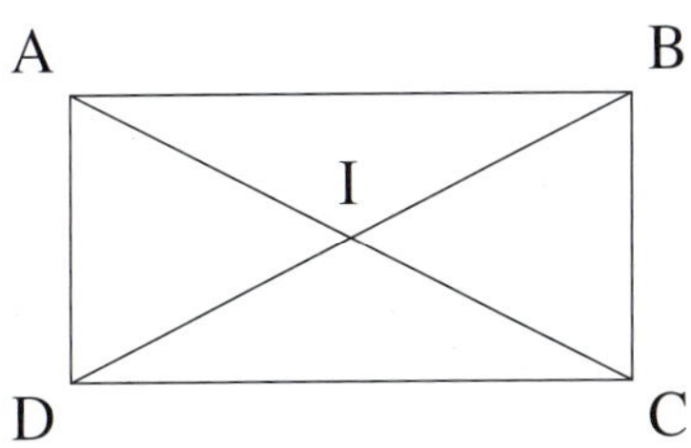

Le coin du chercheur

Monsieur Saumon remonte chaque jour 12 km de rivière.
Chaque nuit, le courant le fait redescendre de 4 km.
S'il part lundi, quelle distance aura-t-il parcourue jeudi soir ?

9 PROBLÈMES
Utiliser un tableau

COMPÉTENCE : Utiliser un tableau en vue d'un traitement de données pour résoudre un problème.

Calcul mental

Somme de dizaines entières.

30 + 20

1 On a demandé aux élèves de l'école des Amandiers s'ils ont visité les sites suivants. Voici les résultats de l'enquête :

	Grotte de Lascaux 	Pont du Gard 	Mont-Saint-Michel 	Tour Eiffel 	Château de Chenonceau 
CP	0	2	11	14	3
CE1	5	6	9	12	6
CE2	12	9	13	12	9
CM1	9	11	8	14	11
CM2	11	15	14	20	13
Total	....	....	....	....	....

a. Combien d'élèves du CE2 ont visité la grotte de Lascaux ?
Combien d'élèves du CM1 ont visité le pont du Gard ?
Quel est le site le plus visité par les élèves du CE2 ?

b. Combien d'élèves ont visité chacun de ces sites ?
Quel est le site le plus visité par les enfants de l'école ?
Quel est le site le moins visité par les enfants de l'école ?

2 Ce tableau indique les sports pratiqués par des enfants d'une classe de CE2.

a. Quels sports pratique Elsa ?

b. Quels sports pratique Boris ?

c. Quels enfants font du vélo ?

d. Combien d'enfants font du basket ?

e. Quels enfants pratiquent au moins trois sports ?

	Natation	Course	Basket	Foot	Judo	Vélo
Benoît	X		X			
Natacha		X		X	X	
Manon		X				X
Elsa	X		X		X	
Miloud		X		X		
Claire	X					
Nicolas				X	X	X
Morgan	X	X	X			X
Mathieu	X			X		
Boris					X	X
Vincent	X		X		X	

f. Quel est le sport pratiqué par le plus grand nombre d'enfants ?

g. Quels enfants font à la fois du basket et du judo ?

3 Ce tableau donne les distances, en km, entre différentes villes françaises.

a. Quelle est la distance entre :
- Lyon et Lille ?
- Rennes et Bordeaux ?
- Strasbourg et Rennes ?
- Bordeaux et Marseille ?

b. Quelles sont les deux villes du tableau les plus éloignées l'une de l'autre ?

Quelle est la distance entre ces deux villes ?

	Bordeaux	Lille	Lyon	Marseille	Paris	Rennes
Lille	786					
Lyon	549	668				
Marseille	657	979	316			
Paris	559	211	472	769		
Rennes	437	515	645	938	348	
Strasbourg	914	524	434	750	447	799

c. Au cours d'une semaine, un chauffeur routier effectue le trajet tracé en rouge sur la carte.

Quelle distance a-t-il parcourue ?

Il revient par le chemin le plus court indiqué dans le tableau.

Quelle distance totale a-t-il parcourue ?

4

Train n°	1	2	3	4	5	6
Paris	6 h 20	7 h 20	8 h	9 h 20	10 h 20	11 h 20
Lyon			9 h 45			
Avignon	9 h	10 h				14 h
Aix-en-Provence	9 h 20		11 h		13 h 15	
Marseille	9 h 40	10 h 30	11 h 10	12 h 20	13 h 30	14 h 30

a. Karim habite Paris. Il prend le train de 7 h 20 pour se rendre à Marseille. Dans quelle gare ce train s'arrêtera-t-il ?

À quelle heure Karim arrivera-t-il à Marseille ?

b. Martine habite Lyon. Elle va à Aix-en-Provence.

À quelle heure doit-elle partir ?

À quelle heure arrivera-t-elle ?

c. Nicolas habite Paris. Il doit être à Marseille avant 13 h, mais il n'aime pas se lever tôt.

À quelle heure doit-il partir ?

À quelle heure arrivera-t-il ?

10

J'ai appris à…

Et retiens !

♦ … lire, écrire, décomposer les nombres plus petits que 1 000.

576 : cinq cent soixante-seize

576 = 500 + 70 + 6

576, c'est 5 centaines 7 dizaines 6 unités

♦ … ajouter et retrancher un nombre d'un chiffre.

56 + 7 = 50 + 6 + 7
= 50 + 13 = 63

62 – 7 = 62 – 2 – 5
= 60 – 5 = 55

♦ … ajouter un nombre de 2 chiffres.

48 + 25 = 48 + 20 + 5
= 68 + 5 = 73

♦ … comparer des longueurs avec une bande de papier.

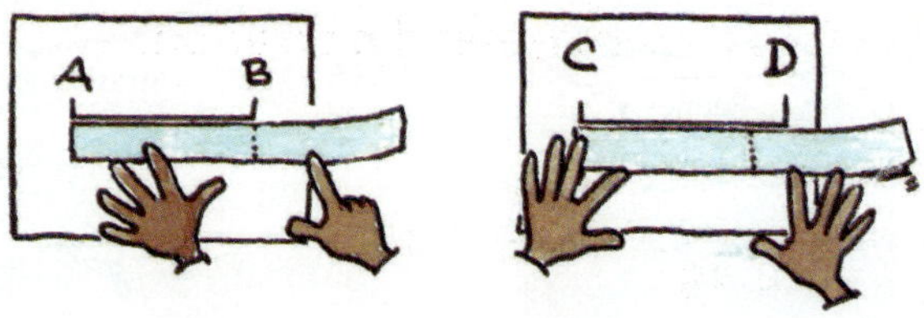

♦ … reproduire une figure sur papier quadrillé.

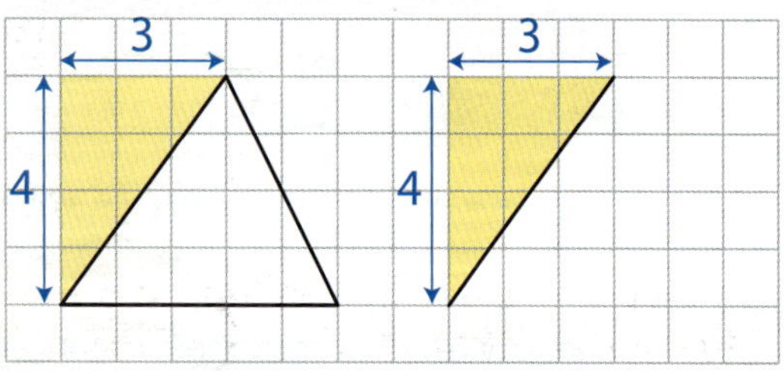

♦ … prolonger un segment,

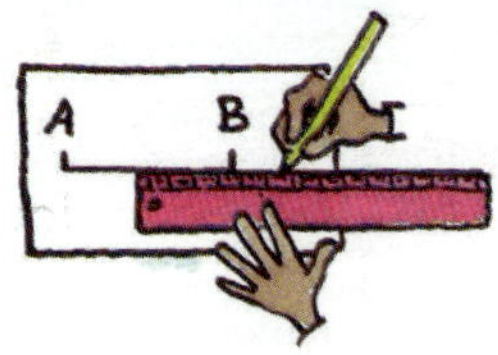

♦ … trouver le milieu d'un segment.

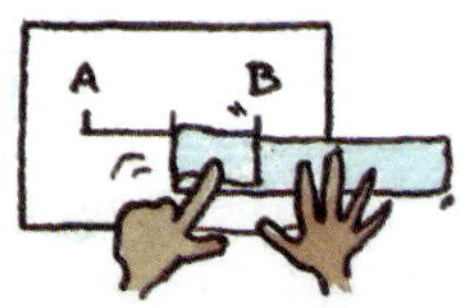

♦ … poser puis effectuer une addition avec retenue.

578 + 346 = 924

	c	d	u
	1	1	
	5	7	8
+	3	4	6
=	9	①2	①4

♦ … utiliser un tableau.

Mardi, 24 élèves du CE ont mangé à la cantine.

Vendredi, 56 élèves ont mangé à la cantine.

	L	M	J	V
CP	13	15	12	10
CE	25	24	22	23
CM	22	20	21	23
Total	**60**	**59**	**55**	**56**

11

Je fais le point (1)

socle commun

1 **Recopie** et **complète** selon l'exemple.

672 = 600 + 70 + 2

672, c'est 6c 7d 2u

827 = ...

827, c'est ....

403 = ...

403, c'est ....

2 **Écris** en chiffres.

cinquante-deux

quatre-vingt-douze

huit cent deux

deux cent soixante-quinze

sept cent quatre-vingts

3 **Calcule** sans poser d'opération.

45 + 24

27 + 36

4 **Pose** puis **effectue**.

578 + 346

325 + 87

5 **Reproduis** cette figure sur ton cahier.

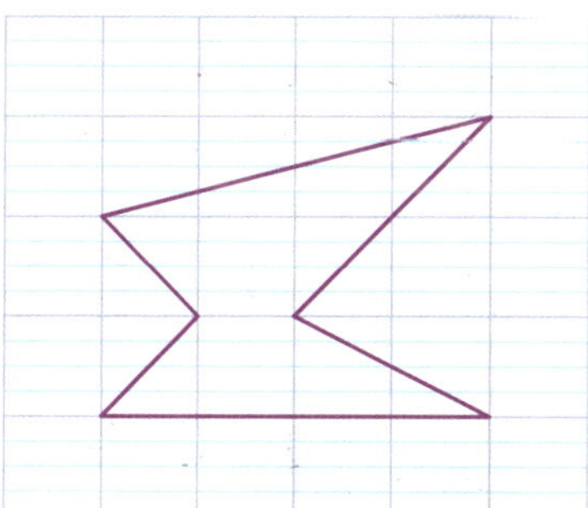

6 a. Quel est le segment le plus long ?

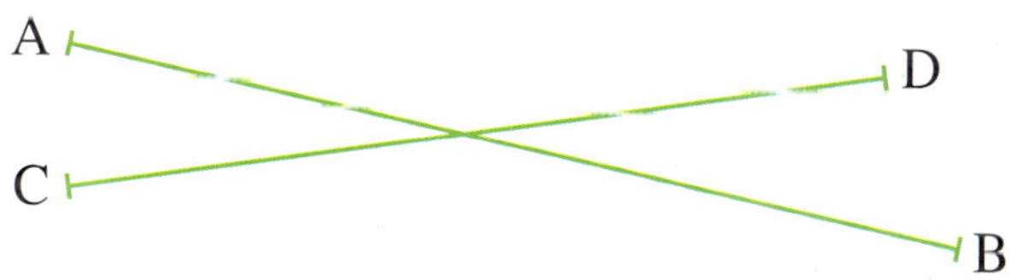

b. Le point L est-il le milieu du segment bleu ?

7 Combien d'élèves du CE ont été absents mardi ?

Combien d'élèves du CM ont été absents vendredi ?

Combien d'élèves ont été absents lundi ?

Absences : semaine du 2 au 7 mai

	L	M	J	V
CP	3	5	2	0
CE	5	4	2	3
CM	2	0	1	3
Total	10	9	5	6

PHOTOFICHES 14, 15

12 Les nombres de 0 à 999 (2)

COMPÉTENCES : Comparer, ordonner, intercaler, encadrer des nombres inférieurs à 1 000.

Calcul mental

Ajouter des dizaines.
34 + 20

Je cherche

Observe cette carte.

A a. Quelle est la distance entre Paris et Toulouse ? entre Paris et Strasbourg ?
Quelle est, de ces deux villes, la plus éloignée de Paris ?
Comment as-tu procédé pour comparer ces deux distances ?

b. **Compare** les distances Paris-Bordeaux et Paris-Brest.
Quelle est, de ces deux villes, la plus éloignée de Paris ?
Comment as-tu procédé pour comparer ces deux distances ?

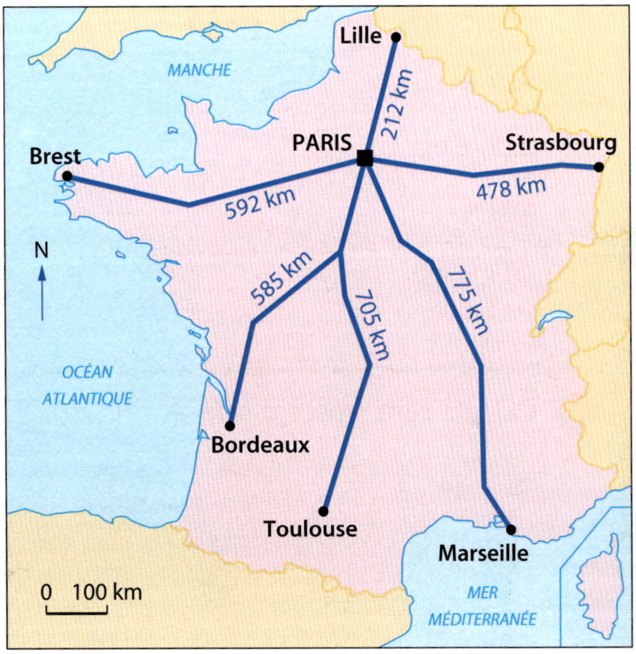

B a. **Range** dans l'ordre croissant les distances écrites sur cette carte.

b. **Écris** les villes de la moins éloignée à la plus éloignée de Paris.

c. Lyon est à 472 km de Paris. Si tu écris cette ville dans la liste précédente, entre quelles villes sera-t-elle placée ?

C a. **Encadre** les distances de la carte selon l'exemple :

200 < 212 < 300

b. **Encadre** les distances de la carte selon l'exemple :

210 < 212 < 220

Mémo

- Un nombre de 2 chiffres est toujours plus petit qu'un nombre de 3 chiffres.
- Pour comparer deux nombres de 3 chiffres, on compare d'abord les chiffres des **c**entaines :

345 < 412 car 3 < 4

Si les deux nombres ont le même chiffre des centaines, on compare les chiffres des **d**izaines :

345 < 381 car 4 < 8

Si les deux nombres ont le même chiffre des centaines et le même chiffre des dizaines, on compare les chiffres des **u**nités :

345 > 342 car 5 > 2

Je m'entraîne

1 **Recopie** en plaçant le signe < ou > qui convient.

a. 246 413   154 87   702 684   876 859

b. 86 800   368 362   909 920   645 564

2 Dans chaque série de nombres, **écris** d'abord le plus grand nombre, puis le plus petit.

A : 284 ; 95 ; 803 ; 540

B : 748 ; 687 ; 730 ; 765

C : 526 ; 509 ; 256 ; 523

3 Quelle somme Antoine possède-t-il ?
Peut-il acheter ce vélo ?

4 **Range** ces nombres dans l'ordre croissant.

528 ; 153 ; 281 ; 345 ; 172

5 **Range** ces nombres dans l'ordre décroissant.

265 ; 308 ; 97 ; 209 ; 87

6 **Encadre** chacun de ces nombres :

345   412   785   603

a. selon l'exemple : 400 < 456 < 500

b. selon l'exemple : 450 < 456 < 460

7 Les billets de tombola compris entre 589 et 612 gagnent un lot.

Recopie les numéros des billets gagnants.

609   568   700   596   621   859

8 Léon part de Paris et peut parcourir 400 km avec l'essence qui reste dans le réservoir de sa voiture.
Quelle ville de la carte de la page précédente peut-il rejoindre sans prendre de l'essence ?

9 *J'ai déjà appris*

Pose et **calcule**.

346 + 75   208 + 362   455 + 145

Le coin du chercheur

A et B représentent chacun un chiffre différent.
Retrouve ces chiffres.

$$\begin{array}{r} A\,B \\ +\ A\,A \\ \hline 9\,0 \end{array}$$

13 CALCUL RÉFLÉCHI Retrancher un nombre de deux chiffres (1)

COMPÉTENCE : Retrancher un nombre de deux chiffres.

> **Calcul mental**
> **Dictée de nombres.**
> 168

Je comprends

A Margot et Jamel calculent 45 – 27.

Je pars de 27 et je fais deux sauts en avant jusqu'à 45.

Je pars de 45 et je fais deux sauts en arrière jusqu'à 27.

Recopie et **complète** le calcul de Margot.

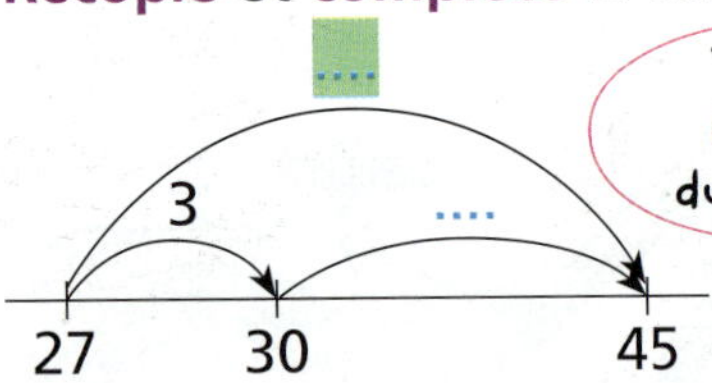

Tu calcules la longueur du grand saut.

De 27 à 30, c'est 3.
De 30 à 45, c'est .....
De 27 à 45, c'est donc .....

Recopie et **complète** le calcul de Jamel.

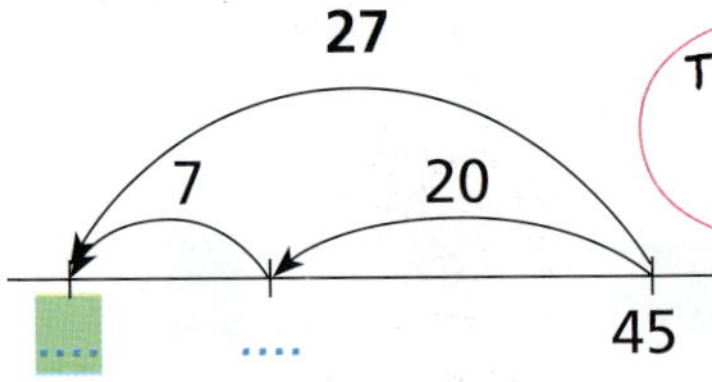

Tu cherches le point d'arrivée.

À 45, je retranche 20 : j'obtiens .....
À ...., je retranche 7 : j'obtiens .....

B À ton tour, **calcule** 36 – 17 de deux façons différentes.

Je m'entraîne

1 **Calcule** selon la méthode de ton choix.

42 – 25   84 – 45   51 – 37

2 **Calcule** selon la méthode de ton choix.

43 – 27   74 – 52   63 – 29

3 Moussa a lu 45 pages de sa BD qui en comporte 92.
Combien de pages lui reste-t-il à lire ?

4 Grégoire pèse 51 kg et sa sœur Samantha 24 kg de moins.
Combien pèse-t-elle ?

Mémo

54 – 18 = ?

Je fais des sauts en avant.

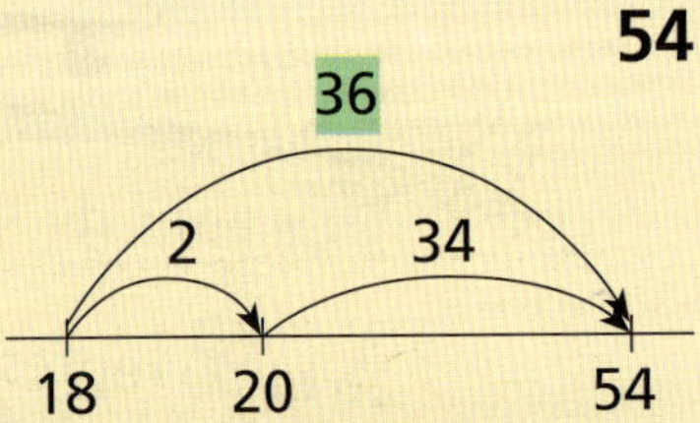

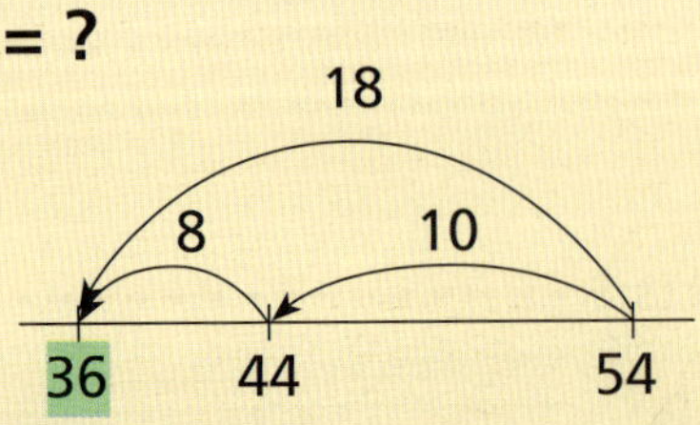

Je fais des sauts en arrière.

54 – 18 = 36

PHOTOFICHE 16

14 Mesurer une longueur avec la règle graduée

COMPÉTENCES : Mesurer des longueurs en utilisant la règle graduée.
Exprimer la mesure en centimètres et millimètres.

Calcul mental

Ajouter des petits nombres.
7 + 8

Je cherche

A Qui mesure correctement la longueur du segment AB ?

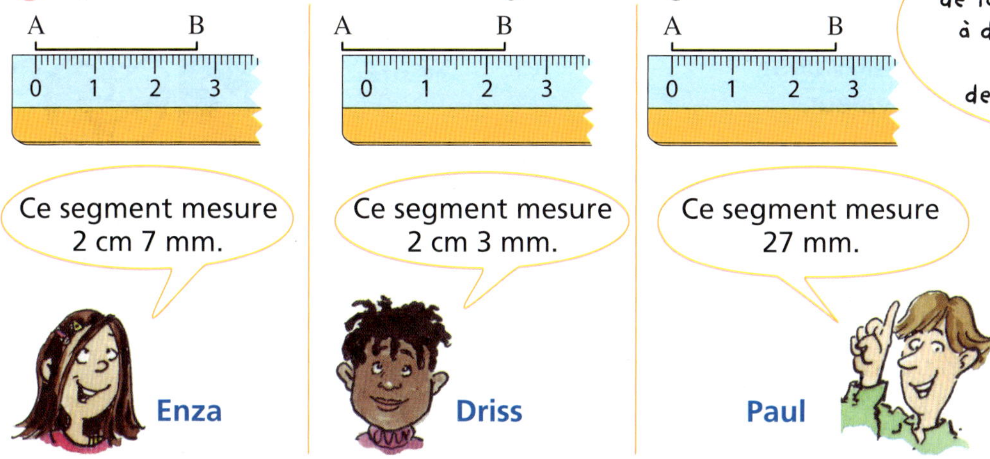

B **Mesure** la longueur des segments rouges de chaque figure.

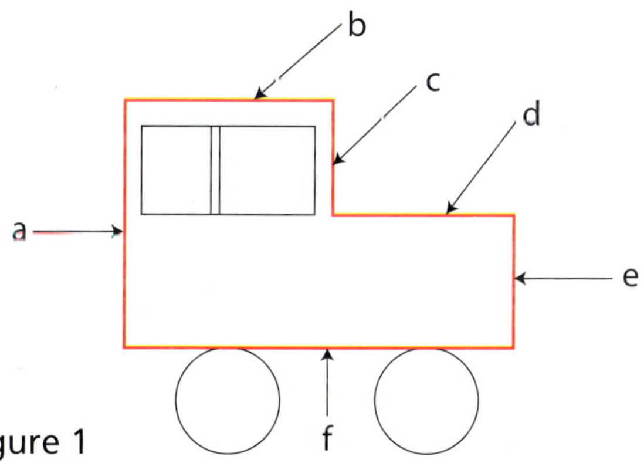

Figure 1

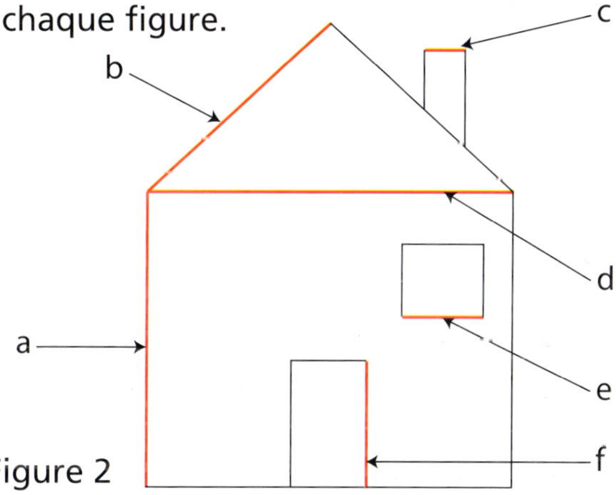

Figure 2

Je m'entraîne

1 **Mesure** la longueur de chaque segment.

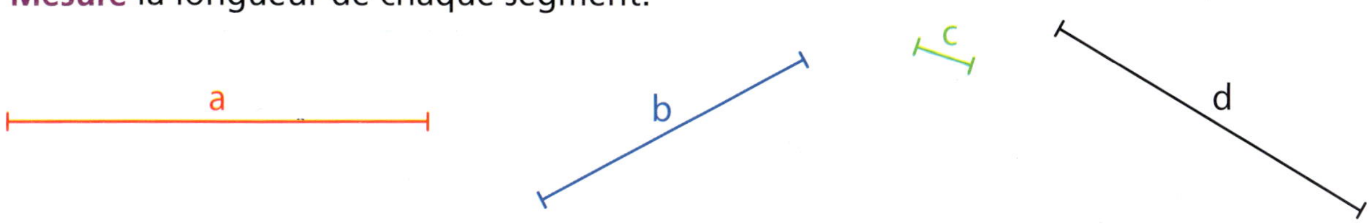

2 **Trace** sur ton cahier un segment de 11 carreaux.
Mesure sa longueur avec ta règle graduée.

Mémo

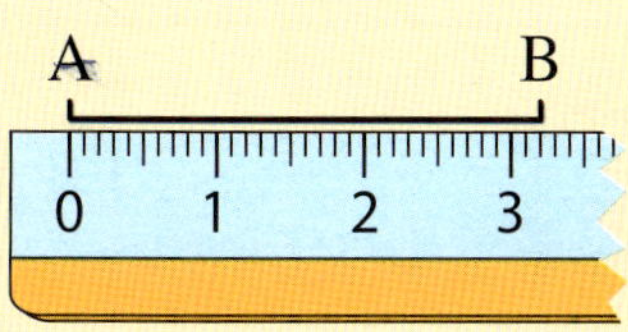

La longueur du segment AB est 3 cm 2 mm ou 32 mm.

PHOTOFICHES 17, 18, 19

15 La monnaie

COMPÉTENCE : Connaître l'euro et le centime.

Calcul mental

Retrancher 10.
36 – 10

Je cherche

A **Observe** la monnaie à la fin de ton livre.

a. Combien de pièces différentes **comptes**-tu :
– en centimes ? **Écris** leur valeur.
– en euros ? **Écris** leur valeur.

b. Combien de billets différents comptes-tu ?
Écris leur valeur.

B a. **Dessine** 2 pièces pour faire 1 €.
Recopie et **complète** :
1 euro = ... centimes.

b. Combien possède Auxane ?

c. Combien possède Timéo ?

C **Dessine** les pièces et les billets nécessaires pour payer ce réveil.

D Marion donne deux pièces de 2 € pour acheter ce stylo.
Dessine les pièces que lui rend le marchand.

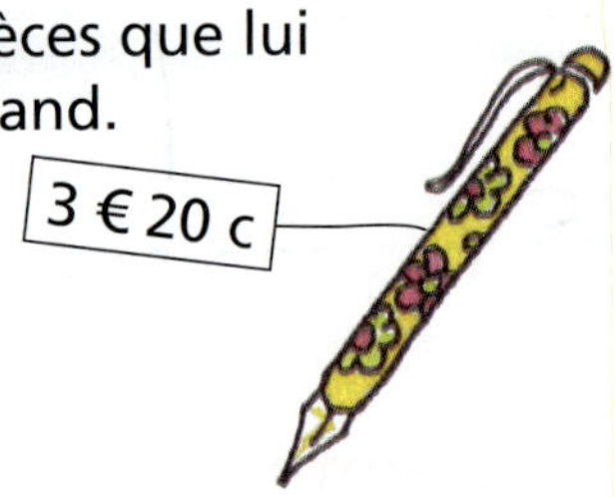

Mémo

1 € = 100 c

Je m'entraîne

1 **Dessine** 4 pièces pour faire 1 €.

2 Éthan se trompe-t-il ?

3 Lucas a vidé sa tirelire.

a. Combien possède-t-il ?

b. Combien lui manque-t-il pour avoir 10 € ?

4 Parmi ces pièces :

a. Lesquelles permettent d'obtenir 1 € 80 c ? **Dessine**-les.

b. Lesquelles permettent d'obtenir 2 € 10 c ? **Dessine**-les.

5 John collectionne les pièces en euros et centimes. Il a un exemplaire de chaque pièce existante.
Quelle somme possède-t-il ?

6 **Dessine** les pièces que la marchande rend à Nathalie.

L'objet coûte	Nathalie donne
8 € 80 c  A	
5 € 90 c  B	
12 € 50 c  C	

Le coin du chercheur

Harpagon est content.
Il sait que chaque jour sa fortune va doubler.
Lundi, il possède 4 écus.
Combien aura-t-il d'écus samedi ?

7 *J'ai déjà appris*

Dans le nombre 406 :
- quel est le chiffre des dizaines ?
- quel est le chiffre des centaines ?

PHOTOFICHE 20

16 Reconnaître des figures planes

Calcul mental
Table d'addition sur les doubles.
7 + 7

COMPÉTENCES : Reconnaître, décrire et nommer des figures géométriques.

Je cherche

A **Recopie** et **complète** la description de cette figure en utilisant certains noms de la liste suivante :

triangle – carré – rectangle – côtés – milieux – sommets

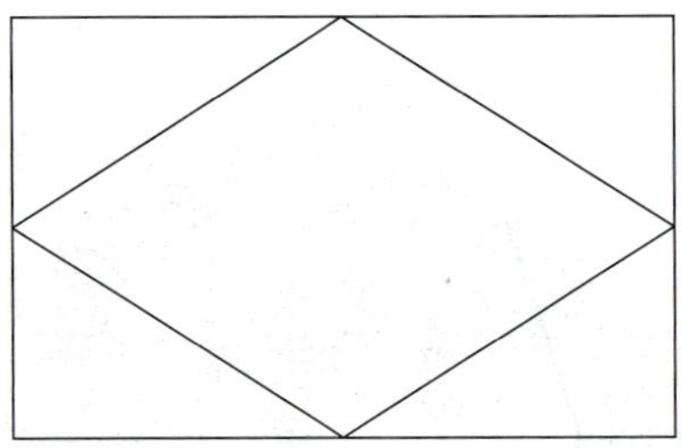

La figure est formée d'un losange à l'intérieur d'un .... . Les .... du losange sont les .... des côtés du .... .

B Avec quatre triangles rectangles identiques, Mathéo veut obtenir deux carrés. Il a déjà dessiné deux triangles.

Reproduis et **complète** sa figure avec deux autres triangles pour terminer le carré bleu.

Tu obtiens un autre carré.
Repasse ses côtés en rouge.

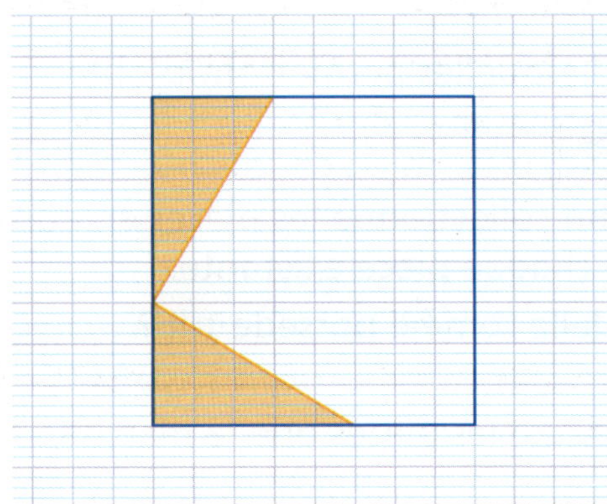

Je m'entraîne

1 **Recopie** et **complète** la description de cette figure en utilisant certains noms de la liste suivante :

triangles – carré – rectangle – côté – milieux – sommets

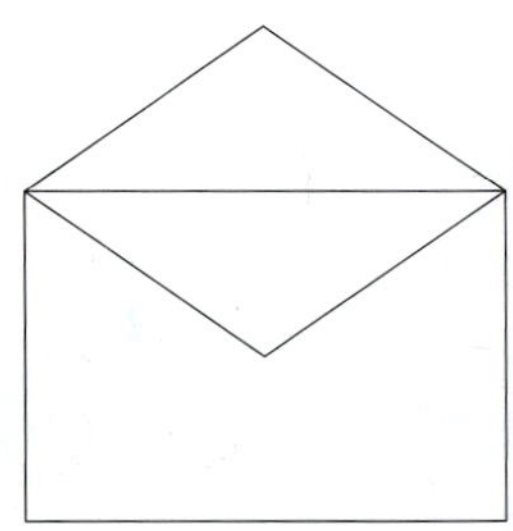

La figure est formée d'un .... et de deux .... qui ont un .... commun avec le rectangle. L'un des deux .... est à l'intérieur du .... .
Les triangles ont deux .... communs.

2 Avec quatre triangles rectangles identiques, **construis** :

a. un rectangle ;

b. un losange.

Colle le losange sur ton cahier.

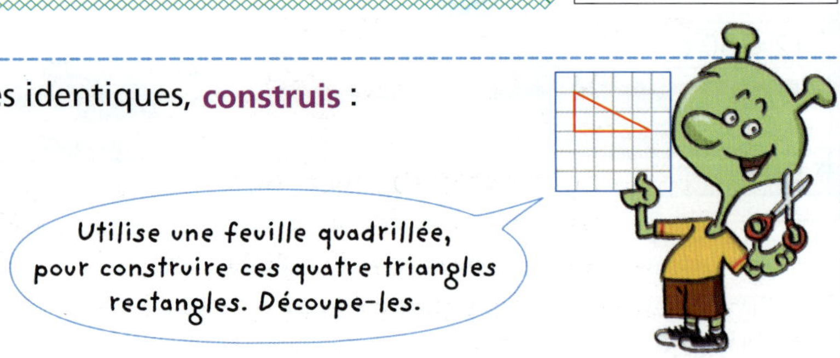

3 *J'apprends à calculer*

Recopie et **complète** la suite de nombres.

170 150 130 .... 10.

PHOTOFICHE 21

17 La soustraction posée sans retenue

COMPÉTENCE : Effectuer une soustraction en colonnes sans retenue.

Calcul mental
Retrancher des dizaines entières.
36 – 20

Je cherche

A Un Norvégien produit 695 kg de déchets par an. Un Français en produit 135 kg de moins.
Bettina calcule la production annuelle de déchets d'un Français.
Recopie et **effectue** ses calculs.
Pourquoi pose-t-elle ensuite une addition ?

	c	d	u
	6	9	5
–	1	3	5
=	....	....	....

	c	d	u
	1	3	5
+	....	....	....
=	6	9	5

B Un Autrichien produit 83 kg de déchets de moins qu'un Norvégien.
Calcule la production annuelle de déchets d'un Autrichien en posant l'opération.

Je m'entraîne

1 **Recopie** et **effectue** ces soustractions.

a.

	7	6	8
–	4	5	3
=	....	....	....

	4	8	3
–	2	6	3
=	....	....	....

b.

	8	3	4
–	6	0	2
=	....	....	....

	9	4	7
–	3	4	5
=	....	....	....

2 **Pose** et **effectue**.

a. 378 – 205   735 – 514
b. 976 – 643   859 – 427
c. 548 – 37   876 – 55
d. 394 – 104   839 – 604

3 Un lot de figurines emballées pèse 176 grammes.
Les figurines seules pèsent 62 grammes.
Quelle est la masse de l'emballage ?

4 Dans un parking de 390 places, 250 voitures sont déjà garées.
Combien de places libres reste-t-il ?

5 *J'ai déjà appris*

Dessine cinq pièces pour faire un euro.
Donne deux possibilités.

Le coin du chercheur

Quatre enfants d'une même famille se suivent à trois ans d'intervalle. L'aîné a 15 ans.
Quel est l'âge du plus jeune ?

18 PROBLÈMES Situations additives ou soustractives

COMPÉTENCE : Résoudre des problèmes en utilisant les connaissances sur les nombres et sur les opérations étudiées.

Calcul mental

Trouver le précédent.
170

1 Observe.

a. Safia achète le DVD et la poupée.
Combien dépense-t-elle ?

c. Morgan a 55 €. Il achète le jeu électronique et la bande dessinée.
Combien dépense-t-il ?
Combien lui reste-t-il ?

b. Léa a 50 €. Elle achète la boîte de jeu.
Combien lui reste-t-il ?

d. Chloé a 40 €. Elle achète la boîte de jeu. Lui reste-t-il assez d'argent pour acheter la bande dessinée ?
Justifie ta réponse.

2 Ahmed est parti en classe de neige.
Le premier jour, il a pris 26 photos et, le deuxième jour, 37 photos.
Combien de photos a-t-il prises les deux premiers jours ?

Sa carte-mémoire peut contenir 296 photos.
Combien de photos Ahmed peut-il encore prendre ?

3 Mélanie a un rouleau de 95 cm de ruban. Elle utilise deux morceaux de 30 cm et un morceau de 15 cm.

Quelle longueur de ruban a-t-elle utilisée ?
Quelle longueur de ruban lui reste-t-il ?

4 Au parc d'attractions, la salle de projection 3D peut contenir 438 personnes.
325 personnes sont déjà entrées.
Combien de places disponibles reste-t-il ?

5 À la mi-temps d'un match de football, 64 personnes quittent le stade.
Il reste 657 spectateurs.
Combien de personnes ont assisté à la première mi-temps du match ?

6 Calcule la hauteur :
– de la Burj Khalifa, à Dubaï ;
– de la tour Montparnasse, à Paris.

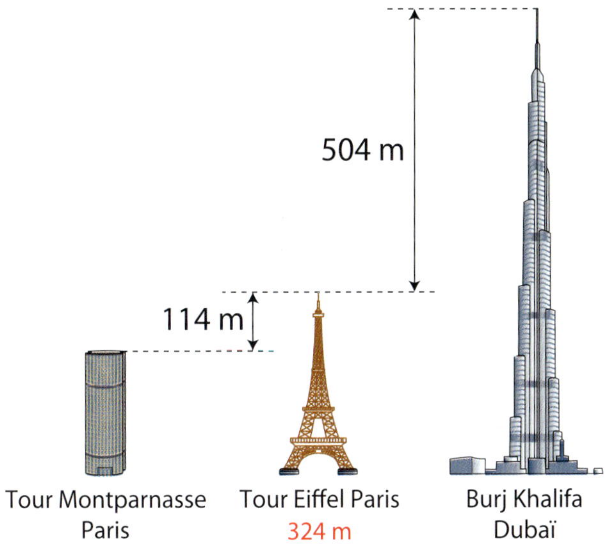

7 Observe la carte, puis réponds aux questions :

a. Quelle est la distance de Caen à Deauville ?

b. La distance de Caen à Honfleur est de 58 km. Quelle est la distance de Deauville à Honfleur ?

c. Quelle est la distance de Cabourg à Honfleur ?

8 Sur le ferry qui assure la traversée de Nice à Calvi, en Corse, on a embarqué 28 camping-cars, 96 automobiles, 36 motos, 88 vélos et 642 passagers à pied.

a. Combien de véhicules à moteur ce bateau transporte-t-il ?

b. Combien de véhicules à deux roues transporte-t-il ?

c. 768 passagers à pied ont pris leur billet.
Combien doivent encore embarquer ?

9 Antoine a 647 timbres et son correspondant Luis 428 timbres.
Antoine envoie à son correspondant 135 timbres.
Combien de timbres chacun possède-t-il à présent ?

10 Le directeur de l'école a relevé le nombre des élèves de son école dans un tableau.

	CP	CE1	CE2	CM1	CM2	TOTAL
Garçons	28	25	**C**	**D**	**E**	**F**
Filles	26	**B**	23	27	31	**G**
Total	**A**	60	57	60	58	**H**

Quels nombres doit-il écrire dans les cases bleues ?

19 Mobilise tes connaissances ! (1)

COMPÉTENCES : Mobiliser ses connaissances et ses savoir-faire pour interpréter des documents et résoudre des problèmes complexes.

Sur les routes de France

Les distances entre les villes

Bordeaux								
642	**Brest**							
805	759	**Lille**						
574	1 012	691	**Lyon**					
647	1 292	997	316	**Marseille**				
482	1 127	985	303	170	**Montpellier**			
585	592	212	472	775	755	**Paris**		
1 085	1 073	524	485	798	784	478	**Strasbourg**	
244	888	899	539	406	241	705	1 024	**Toulouse**

Tableau des distances, en km, par la route entre quelques grandes villes de France.

1. Observe le tableau.
Quelle est la distance entre :
a. Bordeaux et Lille ?
b. Paris et Brest ?
c. Strasbourg et Toulouse ?

2. En avion, la distance de Paris à Toulouse est de 574 km.
a. Quelle est la distance par la route entre ces deux villes ?
b. Calcule la différence entre ces deux distances. Comment expliques-tu cette différence ?

3. Juliette habite Bordeaux. Elle part en voiture pour rendre visite à ses cousins de Lyon. Elle décide de passer par Toulouse et Montpellier.
Quelle sera la longueur de son trajet ?

4. Parmi ces villes : Nantes, Bordeaux, Lyon, Strasbourg, laquelle est, à vol d'oiseau :
– la plus loin de Paris ?
– la plus près ?

Petit +

Les distances entre la capitale et les autres villes de France sont calculées à partir du point zéro.
Il est représenté par un médaillon de pierre entourant une rose des vents. On peut le voir sur la place du parvis de la cathédrale Notre-Dame, sur l'île de la Cité, à Paris.

http://fr.wikipedia.org/wiki/Point_zéro_des_routes_de_France

Le Tour de France cycliste

Le Tour de France fut créé en 1903.
En 1904, 88 coureurs prirent le départ,
27 seulement terminèrent l'épreuve.
En 2003, pour le centenaire de l'épreuve,
198 coureurs prirent le départ, 147 franchirent la ligne d'arrivée.

5. Combien de coureurs abandonnèrent en 1904 ? en 2003 ?

Quelques étapes du Tour de France 2009

Étape	1	2	3	4	5	6	7	8	9	
Départ	Monaco	Monaco	Marseille	Montpellier	Le Cap d'Agde	Gérone	Barcelone	Andorre-la-Vieille	Saint-Gaudens	Limoges
Arrivée	Monaco	Brignoles	La Grande-Motte	Montpellier	Perpignan	Barcelone	Andorre Arcalis	Saint-Girons	Tarbes	
Longueur	15 km	182 km	196 km	38 km	197 km	175 km	224 km	176 km	160 km	0 km

6. Range dans l'ordre croissant les longueurs des neuf premières étapes du Tour 2009.

7. Cite une étape alpestre, puis une étape pyrénéenne.

8. Où a lieu la journée de repos ?

Des panneaux de signalisation

À pied, à vélo ou en voiture,
il faut respecter le Code de la route.

9. Observe ces panneaux de signalisation.
Combien comptes-tu de panneaux de forme carrée ? triangulaire ? rectangulaire ? ronde ?

20

J'ai appris à…

Et retiens !

◆ … ordonner des nombres.

– Un nombre de 2 chiffres est toujours plus petit qu'un nombre de 3 chiffres.

– Nombres de 3 chiffres :

365 < 427, car 3 < 4
381 > 365, car 8 > 6

◆ … intercaler des nombres.

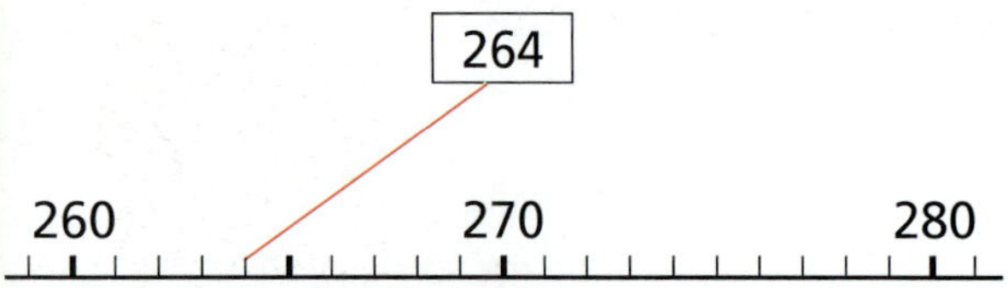

260 < 264 < 270

◆ … retrancher un nombre de deux chiffres.

45 – 27 = ?

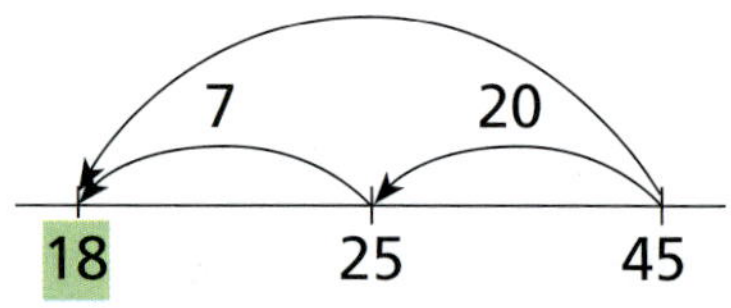

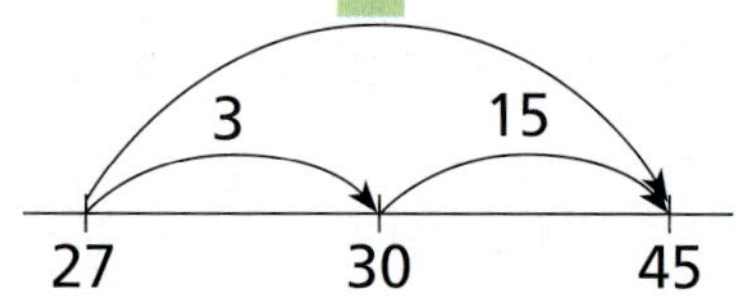

45 – 27 = 18

◆ … connaître et utiliser la monnaie.

La tirelire contient 13 € 10 c.

◆ … mesurer une longueur avec une règle graduée.

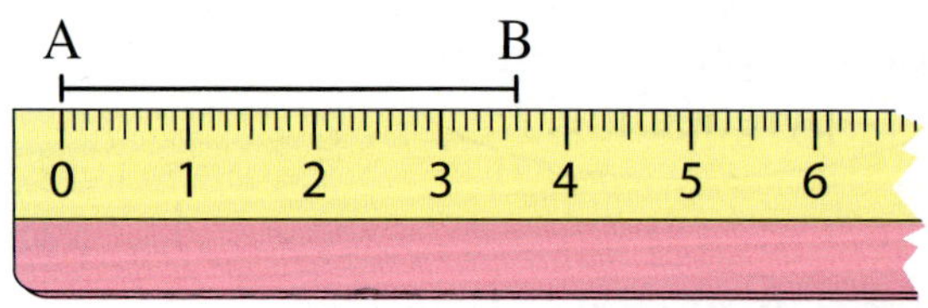

Le segment AB mesure 3 cm 6 mm.

◆ … reconnaître, décrire des figures planes.

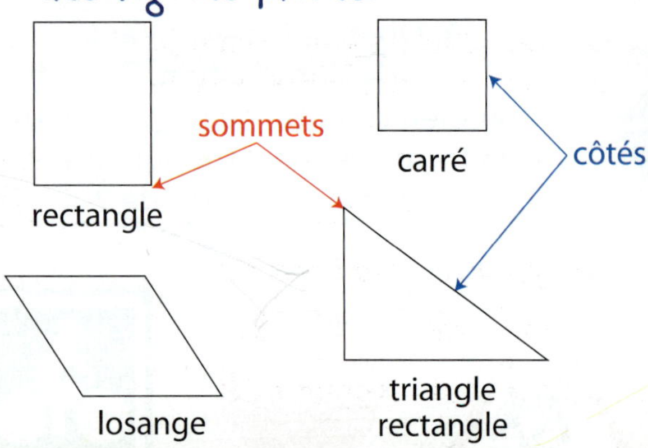

◆ … effectuer une soustraction posée.

Je pose les unités sous les unités, les dizaines sous les dizaines…

	5	8	6				7	2
–		7	2		+	5	1	4
=	5	1	4		=	5	8	6

Pour vérifier mon résultat, j'effectue une addition.

21

Je fais le point (2)

socle commun

1 **Range** ces nombres du plus petit au plus grand.

a. 567 89 238 562

b. 488 459 480 465

2 **Encadre** chacun de ces nombres :

456 167 706

a. selon l'exemple : 200 < 212 < 300

b. selon l'exemple : 210 < 212 < 220

3 **Calcule** sans poser d'opération.

43 – 15 62 – 26 86 – 42 54 – 38

4 Quels billets et pièces sont nécessaires pour payer cette poupée ?

5 **Pose** et **effectue** les soustractions suivantes, puis **vérifie** en effectuant une addition.

769 – 356 486 – 254

6 **Recopie** et **complète** le texte ci-dessous avec les mots :

carrés – sommets – rectangle – losange – côté – triangles

Ce dessin est construit avec deux .... jaunes, un .... rose, deux .... bleus et un .... vert. Chaque carré a un .... et deux .... en commun avec le losange.

7 Namia a 48 €. Elle achète un polo à 18 € et un short à 24 €.

a. Combien paie-t-elle ?

b. Combien lui reste-t-il ?

8 **Mesure** la longueur de chaque segment et **écris** cette longueur.

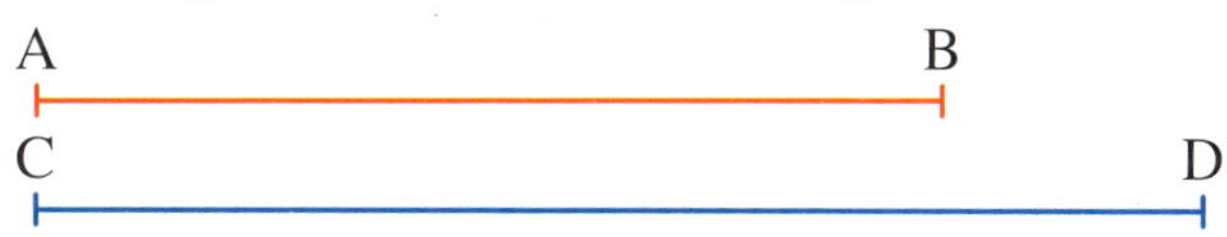

Longueur du segment AB :

.... cm .... mm.

Longueur du segment CD :

.... cm .... mm.

22 Des problèmes pour découvrir le monde (1)

COMPÉTENCE : Appliquer ses connaissances au monde qui nous entoure.

1 La carte de France

Un avion décolle de Montpellier et vole en ligne droite.
Quelles villes survole-t-il s'il va :
a. à Biarritz ? **b.** à Cherbourg ?
c. à Calais ? **d.** à Rennes ?

2 Les frontières du Luxembourg

Le Luxembourg a 356 km de frontières avec ses trois voisins :
la France, l'Allemagne et la Belgique.
La frontière avec l'Allemagne fait 135 km et celle avec la France 73 km.

Quelle est la longueur de la frontière avec la Belgique ?

3 Aux J.O.

Lors des premiers jeux Olympiques qui se déroulaient à Olympie, en Grèce, les coureurs à pied devaient faire deux fois le tour du stade qui mesurait 192 m.

Quelle était la longueur de la course ?

4 L'ours brun

À sa naissance, un ours brun pèse 350 g ; à trois mois, il pèse 3 kg et à trois ans, 40 kg.
Il grossit ensuite de 15 kg par an, pendant 10 à 15 ans.

Combien pèse un ours brun :
• à trois ans ? • à quatre ans ? • à cinq ans ?

5 Un petit tour à Marseille

La statue de Notre-Dame-de-la-Garde mesure 12 m.
Elle est placée sur un piédestal de 11 m, lui-même placé sur une tour de 41 m.
La tour est bâtie sur une colline de 160 m d'altitude.

Quelle est l'altitude au sommet de la statue ?

6 Le Radeau de La Méduse

Le bateau *La Méduse* fit naufrage en 1816. Ses 147 passagers purent embarquer sur un radeau immortalisé par le peintre Géricault.
Les naufragés dérivèrent treize jours, et il n'y eut que 15 survivants.

Combien de personnes périrent ?

Théodore Géricault, *Le Radeau de La Méduse* (1819), musée du Louvre, Paris, © Selva/Leemage.

Période 2

Retrouve Mathéo la mascotte.
Cherche dans le dessin des détails illustrant les notions étudiées dans la période.

	Leçons		Leçons
• Lire, écrire les nombres.	27, 28, 33	• Connaître les unités de mesure de longueur.	29
• Vérifier la nature d'une figure en utilisant la règle graduée et l'équerre.	24, 36	• Écrire et calculer un produit.	23, 26, 35
• Utiliser la calculatrice.	25	• Poser et effectuer une multiplication.	38
• Multiplier par 10, 20, 30… 100.	34, 37	• Résoudre un problème.	39, 40, 43
• Utiliser un graphique.	30		

PHOTOFICHES 24, 25

23 Écrire et calculer un produit

Calcul mental

Ajouter 5 à un nombre qui se termine par 5.

35 + 5

COMPÉTENCES : Écrire un produit sous la forme a × b.
Calculer un produit en utilisant l'addition réitérée.

Je cherche

A Yanis compte les pièces de monnaie de sa collection.
Sa boîte est complète.

Combien de pièces possède-t-il ?

Le nombre de pièces s'écrit :
5 × 7 ou 7 × 5.

Il y a 7 lignes de 5 pièces. Je calcule 7 fois 5.

Il y a 5 colonnes de 7 pièces. Je calcule 5 fois 7.

Observe.
Recopie et **complète** les calculs et la phrase de réponse.

Yanis calcule :
5 × 7 = 5 + 5 + ... = ...

Salimata calcule :
7 × 5 = 7 + 7 + ... = ...

Yanis possède .... pièces.
5 × 7 = ... × .... = ...

B Salimata possède 12 pochettes de 3 pièces.
Combien de pièces possède-t-elle ?

Je vais calculer :
3 + 3 + 3 + 3 + 3 + 3 + 3 + 3 + 3 + 3 + 3 + 3
Oh là là ! C'est long…

C'est une multiplication qu'il faut faire :
3 multiplié par 12.

Recopie et **complète**.

3 × 12 = ... × 3
.... × 3 = ... + ... + ...
.... × .... = ...

Salimata possède .... pièces.

Mémo

Quand tu reconnais une situation multiplicative,
tu peux effectuer la multiplication dans l'ordre que tu préfères.
Par exemple, tu peux calculer 4 × 7 ou 7 × 4 car 4 × 7 = 7 × 4.

Je m'entraîne

1 **Écris** sous la forme d'un produit le nombre de fenêtres de chaque immeuble, puis **calcule**-le.

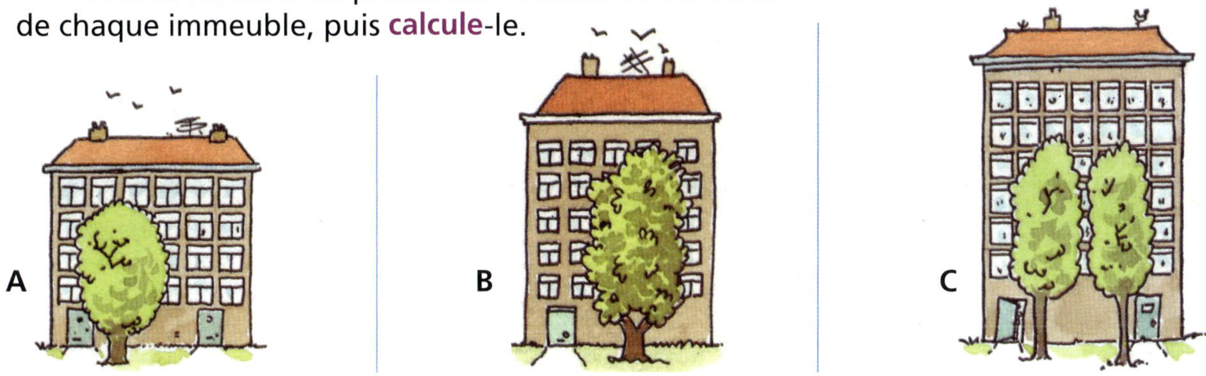

2 La boîte est pleine de chocolats.
Écris le nombre de chocolats sous la forme d'un produit, puis **calcule**-le.

3 Justine range sa collection de timbres dans des pochettes.
Combien de timbres possède-t-elle en tout ?

4 **Écris** sous la forme d'un produit le nombre de carreaux de ce tapis, puis **calcule**-le.

5 Cette grille de mots croisés est déchirée.
Combien de cases comportait-elle ?
Écris la réponse sous la forme d'un produit.
Calcule-le.

6 Julien achète 4 ballons à 12 €. Il donne un billet de 50 €.
Combien dépense-t-il ?
Combien lui rend-on ?

7 *J'ai déjà appris*

Julia a payé ce gâteau avec quatre pièces de même valeur.
Dessine-les.

Le coin du chercheur

David possède un écu, et Arthur ne possède rien.
Arthur dit :
« Bientôt, je posséderai 1 000 fois plus d'écus que ce que je possède aujourd'hui. Je serai alors beaucoup plus riche que toi ! »

VRAI OU FAUX ?

PHOTOFICHES 26,27

24 Identifier une figure plane

COMPÉTENCE : Vérifier la nature d'une figure plane en utilisant la règle graduée et l'équerre.

> **Calcul mental**
> **Moitié de petits nombres.**
> Moitié de 8

Je cherche

A Malik a déjà tracé un côté d'un carré.

Trouve les deux autres sommets parmi les points numérotés.
Justifie ton choix.

Recopie et **complète**.
Un carré possède :
– .... côtés de même longueur ;
– .... angles droits.

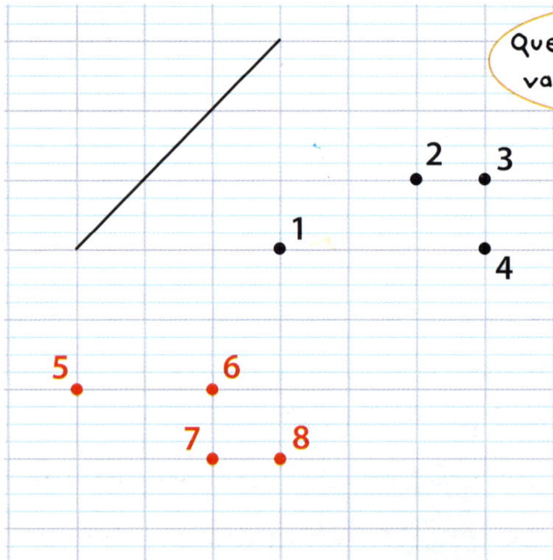

Quels instruments vas-tu utiliser ?

B Mathilde a voulu tracer un carré.
Elle a utilisé son équerre pour tracer les quatre angles droits.

Les quatre côtés ont-ils la même longueur ?
A-t-elle réussi à tracer un carré ?
Quelle figure a-t-elle tracée ?

Quelle est la différence entre un rectangle et un carré ?

C Julien a tracé un losange.
Les quatre côtés d'un losange sont-ils de même longueur ?

Mais alors, quelle est la différence entre un losange et un carré ?

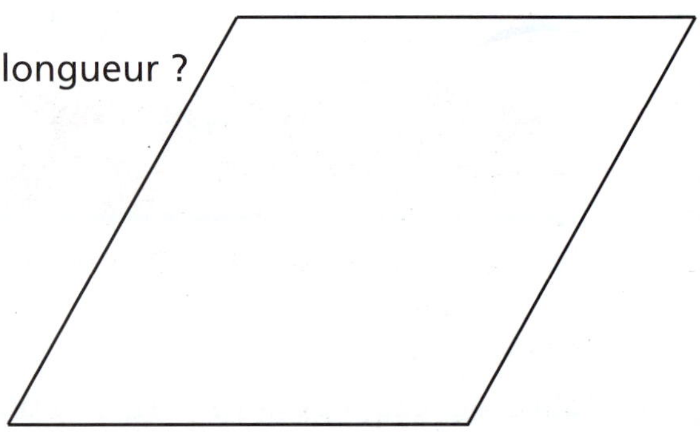

Mémo

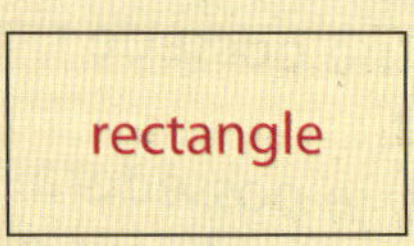

Quatre angles droits.
Côtés opposés de même longueur.

Quatre angles droits.
Quatre côtés de même longueur.

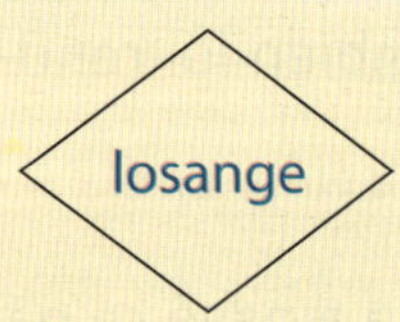

Quatre côtés de même longueur.

Je m'entraîne

1 **Observe** les figures **A** et **B**.

Les figures **A** et **B** ont-elles quatre côtés de même longueur ?

La figure **A** possède-t-elle quatre angles droits ?

La figure **B** possède-t-elle quatre angles droits ?

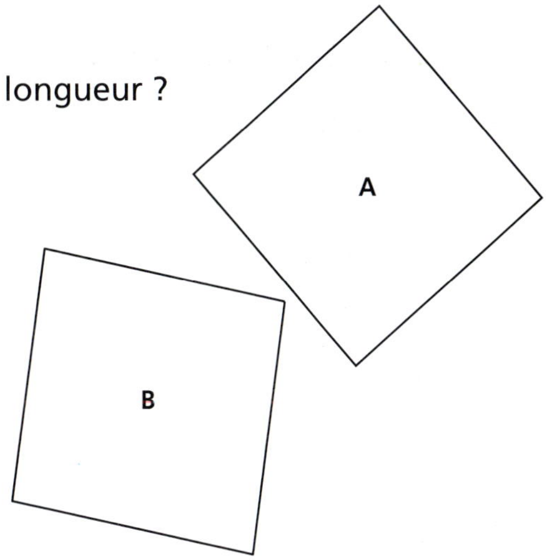

Recopie et **complète**.

La figure **A** est un .... .

La figure **B** est un .... .

2 **Observe** les figures **C** et **D**.

La figure **C** possède-t-elle quatre côtés de même longueur ?

La figure **D** possède-t-elle quatre côtés de même longueur ?

La figure **C** possède-t-elle quatre angles droits ?

La figure **D** possède-t-elle quatre angles droits ?

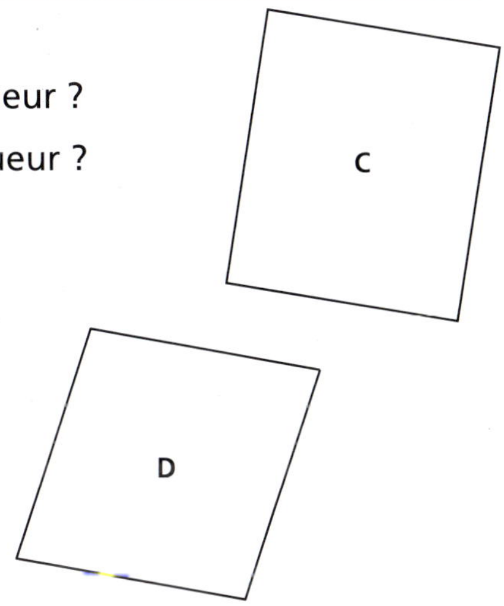

Recopie et **complète**.

La figure **C** est un .... .

La figure **D** est un .... .

3 **Plie** et **découpe** une feuille rectangulaire comme indiqué ci-dessous.

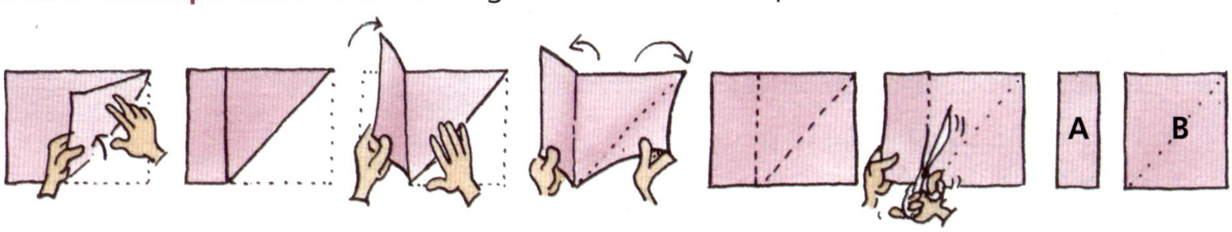

Nomme les figures **A** et **B**. **Justifie** ta réponse.

4 Qui suis-je ?

a. J'ai quatre côtés de même longueur et aucun angle droit.

b. J'ai quatre angles droits et mes côtés ne sont pas tous de même longueur.

5 *J'apprends à calculer*

Calcule.

399 + 1	299 + 1	899 + 1
500 – 1	700 – 1	600 – 1

Le coin du chercheur

Je suis un nombre de deux chiffres.
J'ai huit dizaines.
Mon chiffre des unités est la moitié de mon chiffre des dizaines.
Qui suis-je ?

PHOTOFICHE 28

25 La calculatrice (1)

COMPÉTENCES : Connaître les touches +, –, × de la calculatrice.
Utiliser la calculatrice à bon escient.

Calcul mental
Ajouter 10 sans passage à la centaine.
35 + 10

Je cherche

A **Observe** ta calculatrice.

a. **Dessine** la touche de mise en route et la touche d'arrêt.

b. Quel est le rôle de la touche × ?

B **Recopie** ces étiquettes.

a. **Entoure** les calculs que tu peux effectuer mentalement.
Écris leur résultat.

b. **Utilise** ta calculatrice pour effectuer les autres calculs.

35 × 29 = ...
538 – 273 = ...
50 + 10 = ...
483 – 2 = ...
15 × 2 = ...
437 + 286 + 68 = ...

C a. **Affiche** 50 sans taper sur la touche 5.
Dessine les touches que tu utilises.

b. **Affiche** 100 sans taper ni sur la touche 1 ni sur la touche +.
Dessine les touches que tu utilises.

Je m'entraîne

1 **Recopie** les étiquettes ci-contre.

a. **Entoure** les calculs que tu peux effectuer mentalement.
Écris leur résultat.

b. **Utilise** ta calculatrice pour effectuer les autres calculs.

253 – 251 = ...
5 × 10 = ...
83 × 16 = ...
343 – 278 = ...
723 – 297 = ...
400 – 60 = ...

2 **Affiche** 40 sans taper ni sur la touche 4 ni sur la touche +.
Dessine les touches que tu utilises.

3 **Affiche** 37 sur ta calculatrice.
Comment afficher 54 sans effacer 37 ?
Dessine les touches que tu utilises.

4 Un pépiniériste achète 28 oliviers à 35 € l'un.
Combien dépense-t-il ?

5 **Choisis** un nombre inférieur à 10 et **multiplie**-le par 803, puis par 137 et enfin par 101.
Qu'affiche alors la calculatrice ?

PHOTOFICHE 29

26 La table de Pythagore de la multiplication

Calcul mental

Retrancher 10 sans passage à la centaine.
35 – 10

COMPÉTENCES : Connaître et utiliser la table de Pythagore pour effectuer des multiplications.

Je cherche

A **Utilise** la table pour trouver le résultat des produits suivants.

6 × 9 8 × 4 7 × 6 5 × 9

×	1	2	3	4	5	6	7	8	9	10
1	1	2	3	4	5	6	7	8	9	10
2	2	4	6	8	10	12	14	16	18	20
3	3	6	9	12	15	18	21	24	27	30
4	4	8	12	16	20	24	28	32	36	40
5	5	10	15	20	25	30	35	A	45	50
6	6	12	18	24	30	36	42	48	54	60
7	7	14	21	28	35	42	49	56	B	70
8	8	16	24	32	40	48	56	64	72	80
9	9	18	27	36	45	54	63	72	81	90
10	10	20	30	40	50	60	70	80	90	100

B **Observe** :
- la ligne du 2 et la colonne du 2 ;
- la ligne du 3 et la colonne du 3 ;
- la ligne du 7 et la colonne du 7.

Que remarques-tu ?

C **Trouve** les produits qui correspondent aux nombres écrits dans les cases bleues.

D Quel nombre doit-on écrire dans :
- la case **A** ? – la case **B** ?

Pourquoi la partie colorée en jaune et en bleu suffit-elle pour apprendre les tables ?

Je m'entraîne

1 **Écris** les résultats des produits suivants.

a. 7 × 5 ; 4 × 9 ; 6 × 8 ; 9 × 3

b. 5 × 9 ; 7 × 8 ; 7 × 4 ; 7 × 7

2 **Écris** chaque nombre sous forme de produits, selon l'exemple.

56 = 8 × 7 = 7 × 8

21 ; 27 ; 48 ; 72 ; 80

3 Combien de fois le nombre 24 apparaît-il dans la table de multiplication ?
Écris les produits correspondants.

4 Pour s'entraîner au marathon, un athlète parcourt six fois un circuit de 7 km.
Quelle distance parcourt-il ?

5 Dans le minibus de ramassage scolaire, il y a 8 rangées de 3 sièges et 2 sièges isolés.
Quel est le nombre de places assises ?

Le coin du chercheur

Quel est le nombre le plus grand ?

1 + 0

ou

1 000 × 0

6 *J'ai déjà appris*

Pose et **effectue**.

457 – 216 165 – 34 369 – 264

PHOTOFICHE 30

27 CALCUL RÉFLÉCHI
Ajouter, retrancher 1, 10, 100

COMPÉTENCES : Ajouter ou retrancher 1, 10 ou 100 à un nombre de trois chiffres.

Calcul mental

Ajouter 2 petits nombres.

9 + 5

Je comprends

Recopie et **complète**.

a. 407 ; 406 ; 405 ; 404 ; .... 397.

Pour passer d'un nombre au suivant, j'ai retranché .....

b. 535 ; 545 ; 555 ; 565 ; .... 655.

Pour passer d'un nombre au suivant, j'ai .....

c. 786 ; 776 ; 766 ; 756 ; .... 686.

Pour passer d'un nombre au suivant, j'ai .....

d. 1 012 ; 912 ; 812 ; 712 ; 12

Pour passer d'un nombre au suivant, j'ai .....

Je m'entraîne

1 **Calcule**.

a. 370 + 10   490 + 10

b. 728 + 100   895 + 100

c. 160 – 10   208 – 10

d. 927 – 100   650 – 100

2 **Trouve** le nombre qui se cache sous chaque étiquette-lettre.

a. A —(+ 10)→ 480 —(+ 100)→ B —(– 1)→ C

b. D —(+ 10)→ 200 —(– 1)→ E —(+ 10)→ F

3 **Recopie** et **complète** chaque suite de nombres.

a. 989 ; 889 ; 789 ; 689 ; .... 89.

b. 815 ; 825 ; 835 ; 845 ; .... 915.

4 Arthur possède 84 €.
Chaque semaine, il économise 10 €.
Combien possède-t-il au bout de 6 semaines ?

5 a. Violette possède 595 €.
Elle achète cet appareil photo numérique.
Combien lui reste-t-il ?

b. Élodie lui donne 10 €.
Combien Violette possède-t-elle maintenant ?

Mémo

Quand tu ajoutes 10 à un nombre, le chiffre des unités ne change pas :

26 + 10 = 36

Quand tu ajoutes 100 à un nombre, les chiffres des unités et des dizaines ne changent pas :

198 + 100 = 298

PHOTOFICHE 31

28 Le nombre 1 000

COMPÉTENCES : Lire, écrire le nombre 1 000 et ses décompositions.

Calcul mental
Complément à une dizaine proche.
38 + ... = 40

Je cherche

A Ce scooter coûte **mille** euros.

Recopie et **complète**.

Pour le payer, il faut :

.... billets de 100 €	ou	.... billets de 10 €	ou	.... pièces de 1 €.
1 000 = ... × 100		1 000 = ... × 10		1 000 = ... × 1
1 000 c'est .... centaines		1 000 c'est .... dizaines		

Mehdi a 990 €. Pour acheter ce scooter, combien lui manque-t-il ?

Quentin a 500 €. Pour acheter ce scooter, combien lui manque-t-il ?

Alma a 250 €. Pour acheter ce scooter, combien lui manque-t-il ?

B **Recopie** et **complète**.

900 + ... = 1 000 950 + ... = 1 000

999 + ... = 1 000 850 + ... = 1 000

Je m'entraîne

1 **Recopie** les étiquettes des nombres égaux à 1 000.

500 + 500 | 2 + 500 | 900 + 100 | 10 × 10

999 + 1 | 2 × 50 | 400 + 600 | 990 + 1 | 2 × 500

2 **Recopie** et **complète** les égalités.

a. 300 + ... = 1 000
.... + 100 = 1 000
.... + 200 = 1 000

b. 950 + ... = 1 000
.... + 750 = 1 000
550 + ... = 1 000

c. 100 × .... = 1 000
10 × .... = 1 000
500 × .... = 1 000

3 Jean veut acheter ce salon de jardin.
Chaque mois, il économise 100 €.
Au bout de combien de mois peut-il l'acheter ?

Mémo

999 + 1 = 1 000 990 + 10 = 1 000
900 + 100 = 1 000 500 + 500 = 1 000

1 000 c'est 10 centaines 1 000 c'est 100 dizaines

Le coin du chercheur

Le 29 décembre 2014 sera un lundi.
Quelle sera la date du lundi suivant ?

PHOTOFICHE 32

29 Unités de longueur (1)

COMPÉTENCES : Connaître le m, le cm, le mm et leurs équivalences.
Établir les relations qui les lient.

Calcul mental
Ajouter un petit nombre à un nombre de 2 chiffres.
34 + 5

Je cherche

A

Pourquoi ne trouvent-elles pas la même mesure ?
Que doivent-elles préciser ?

B **Observe** ta règle graduée.
Combien comptes-tu de mm dans 1 cm ?

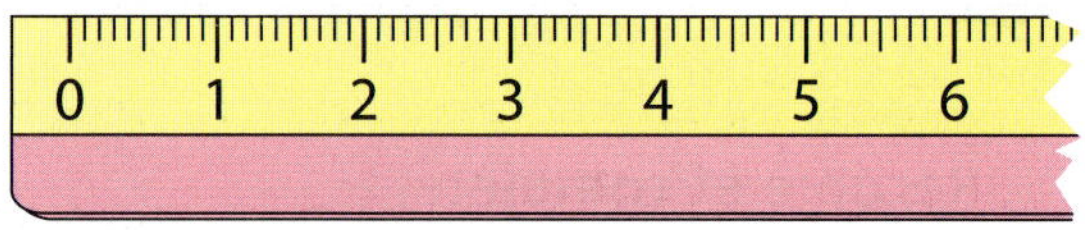

Observe la règle de la classe.
Recopie et **complète**.

1 m = ... cm   1 m = ... mm

C Une maquette de voilier mesure 38 cm et une maquette d'avion mesure 370 mm.
Quelle est la maquette la plus grande ?
Justifie ta réponse.

D **Trace** un segment **rouge** de 58 mm. **Prolonge**-le en **vert** pour qu'il mesure 10 cm.
Quelle est, en mm, la longueur du segment **vert** ?

E **Recopie** et **précise** l'unité de mesure : mm, cm, m.

A

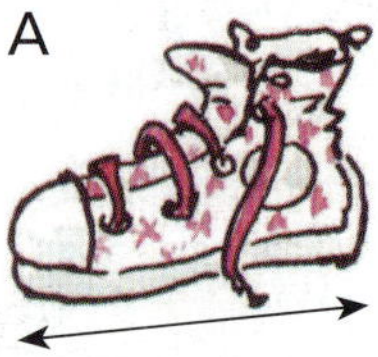

30 ....

B

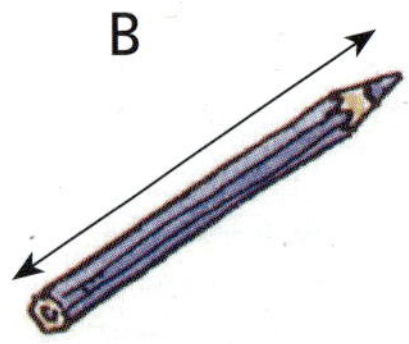

150 ....

C

4 ....

D

2 ....

E

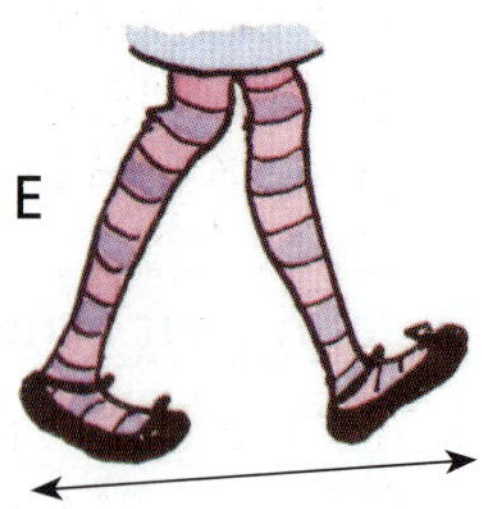

70 ....

Mémo

1 m = 100 cm = 1 000 mm

1 cm = 10 mm

⊢—⊣ 1 cm

H 1 mm

159 cm = 1 m 59 cm

82 mm = 8 cm 2 mm

Je m'entraîne

1 Au football, la cage du gardien de but mesure 7 m 32 cm de long et 2 m 44 cm de haut.
Écris ces dimensions en cm.

2 Voici les longueurs de différents objets ou animaux.
Recopie la bonne mesure.

A

17 cm ; 17 mm

B

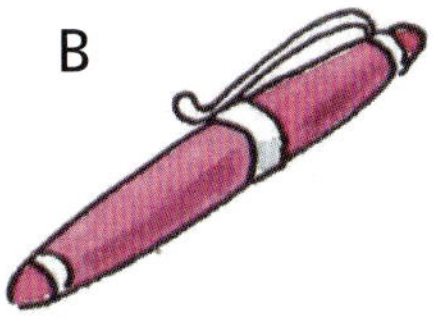

14 cm ; 14 mm

C

5 cm ; 5 mm

D

21 cm ; 21 mm

E

8 cm ; 8 mm

3

Les deux enfants peuvent-ils garder leur truite ?
Justifie ta réponse.

4 L'anneau du panier de mini-basket mesure 32 cm de diamètre.
Quels ballons peuvent entrer dans ce panier ?

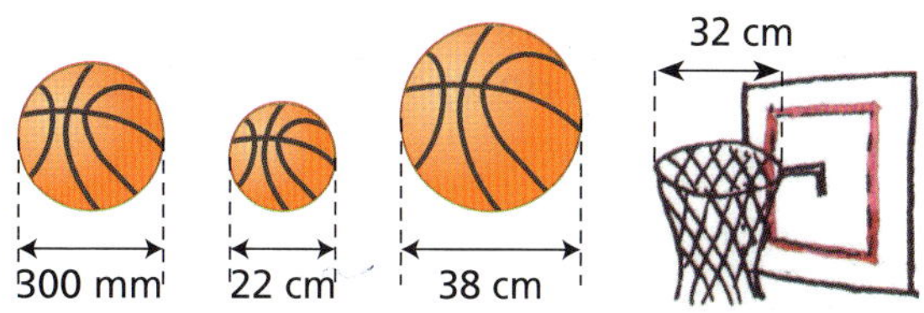

5 **Trace** un segment **bleu** de 75 mm de longueur.
Prolonge-le en **rouge** pour qu'il mesure 12 cm.
Quelle est la longueur du segment **rouge** ?

6 *J'ai déjà appris*

Calcule en utilisant la table de Pythagore.

3 × 4 ; 6 × 4 ; 5 × 5 ; 7 × 5 ; 8 × 6 ; 6 × 6

Le coin du chercheur

Utilise ces points pour tracer une étoile.

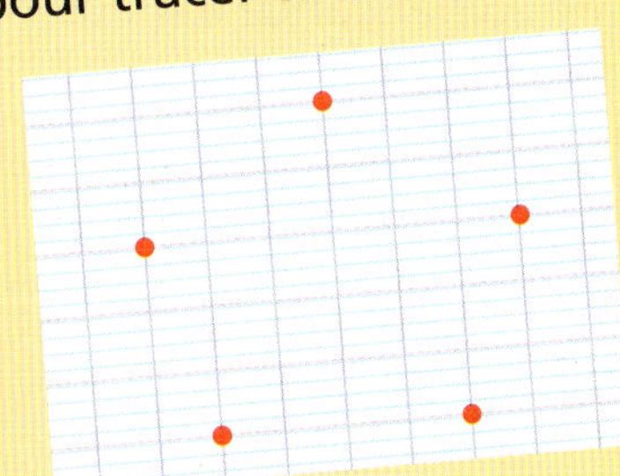

30 PROBLÈMES
Utiliser un graphique

COMPÉTENCE : Utiliser un graphique en vue d'un traitement de données.

> **Calcul mental**
> **Retrancher un petit nombre à un nombre inférieur à 20.**
> 18 – 5

1 La bibliothécaire a présenté, dans un graphique, le nombre de bandes dessinées que les élèves ont empruntées ce mois-ci.

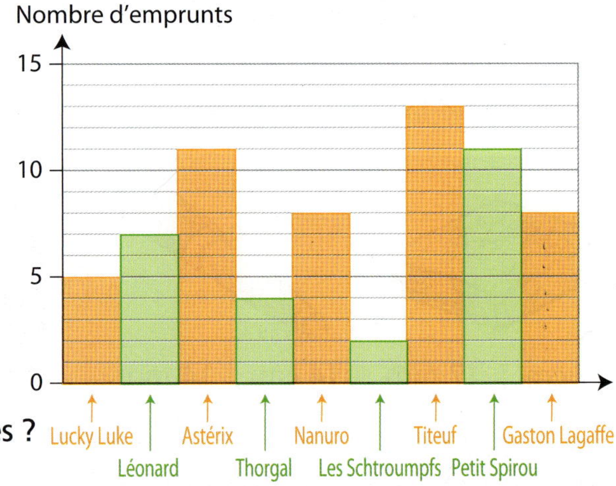

a. Cinq enfants ont emprunté Lucky Luke. Combien d'élèves ont emprunté les BD suivantes :
– Astérix ?
– Gaston Lagaffe ?
– Thorgal ?

b. Quelles sont les trois BD les plus empruntées ? Quelle est la BD la moins empruntée ?

2 Dans la classe, Marion a semé des haricots. Chaque soir, elle colle sur son cahier une bandelette de la hauteur de la tige.
Le 19 avril, la tige mesure 8 mm.
Le 20 avril, elle mesure 1 cm 6 mm ou 16 mm.

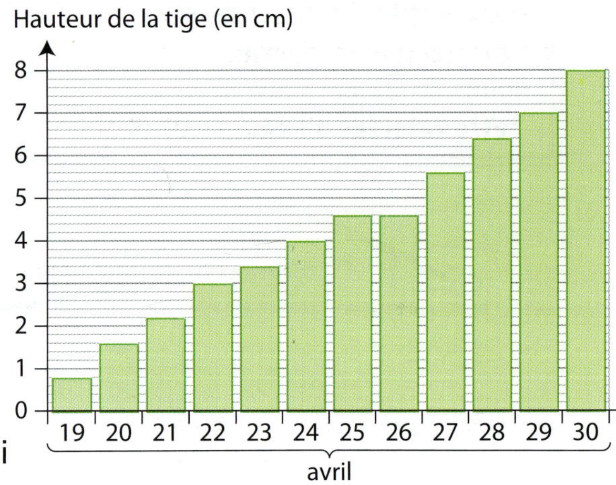

a. Quelle est la hauteur de la tige :
– le 21 avril ?
– le 22 avril ?
– le 30 avril ?

b. De combien de mm le haricot a-t-il grandi entre le 23 et le 24 ?

c. Quel jour la tige n'a-t-elle pas grandi ?

3 **Observe** le carnet de santé de Lou.
À **3 ans**, elle pesait **15 kg**.

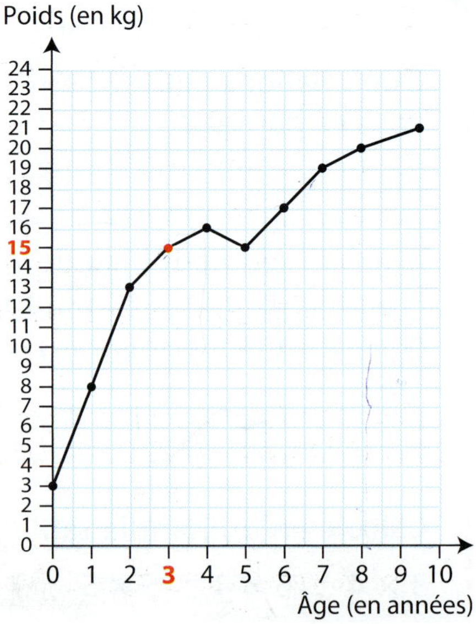

a. Quel était son poids :
à la naissance ? à 2 ans ? à 8 ans ?

b. À quel âge pesait-elle :
8 kg ? 16 kg ? 20 kg ?

c. De combien a-t-elle grossi :
– de sa naissance à 4 ans ?
– de 4 à 8 ans ?

d. A-t-elle maigri entre :
– 3 et 4 ans ?
– 4 et 5 ans ?
– 5 et 6 ans ?

4 Ces trois graphiques représentent les ventes de trois produits durant l'année.

Quel graphique correspond à :
- la vente de glaces ?
- la vente de lait ?
- la vente de chaussures de ski ?

Écris chaque fois une phrase pour justifier ta réponse.

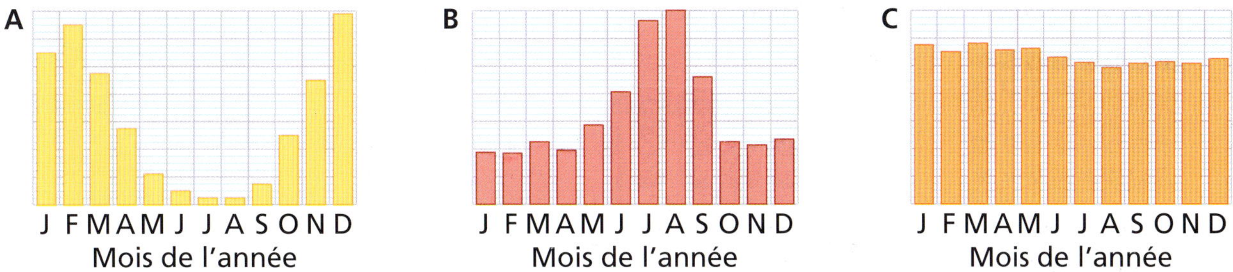

5 Ce graphique représente les sports pratiqués par les élèves d'une école. Par exemple, 20 d'entre eux pratiquent le cyclisme.

a. Combien d'élèves pratiquent :
- le judo ?
- le tennis ?
- la natation ?

b. Quel est le sport pratiqué par le plus grand nombre d'élèves ?

c. Quels sports sont pratiqués par plus de 15 élèves mais moins de 25 élèves ?

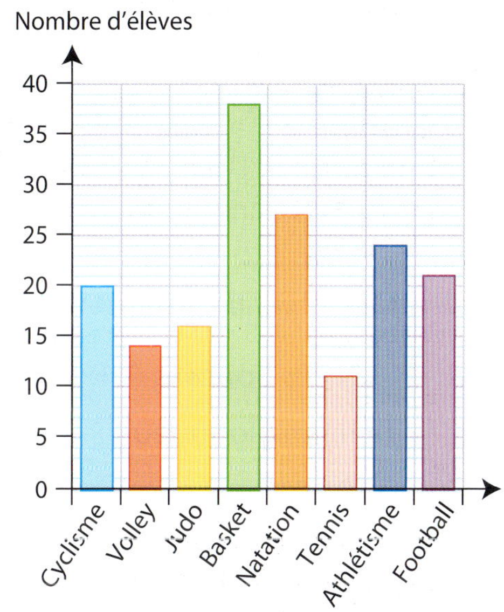

6 Ce graphique représente l'évolution de la population en France depuis 1850 :
- en **vert**, la population rurale (celle qui vit à la campagne) ;
- en **rouge**, la population urbaine (celle qui vit en ville).

Relève, parmi les affirmations suivantes, celles qui sont vraies.

a. Depuis 1850, la population vivant à la campagne a fortement diminué.

b. En 1930, il y avait autant d'habitants en ville qu'à la campagne.

c. En 1870, la population des villes était plus importante que celle des campagnes.

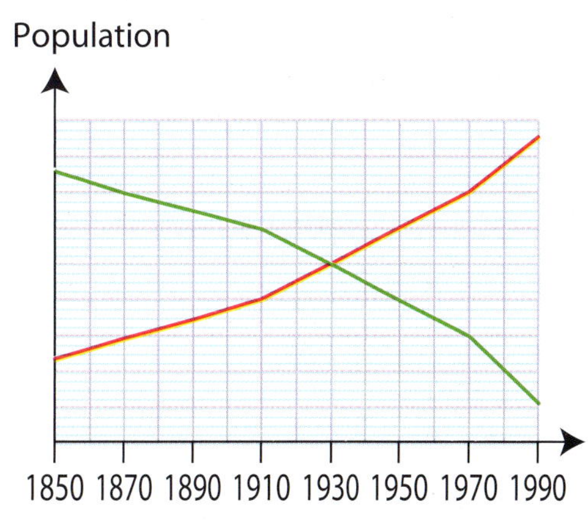

31

J'ai appris à… Et retiens !

… écrire et calculer un produit.

$8 \times 5 = 5 \times 8$

$8 \times 5 = 40$

Nombre de timbres : 40

$3 \times 6 = 6 \times 3$

$3 \times 6 = 18$

Nombre de balles : 18

… utiliser une calculatrice.

Pour calculer

7×19

je tape sur les touches :

7 × 1 9 =

… identifier une figure plane.

rectangle

Quatre angles droits.

Côtés opposés de même longueur.

carré

Quatre angles droits.

Quatre côtés de même longueur.

losange

Quatre côtés de même longueur.

… mesurer une longueur en utilisant la règle graduée.

Le segment AB mesure 5 cm 2 mm ou 52 mm.

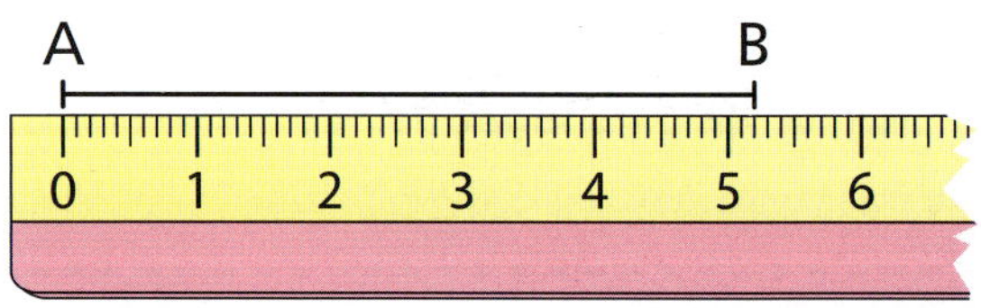

… ajouter, retrancher 1, 10 ou 100.

– Quand j'ajoute ou retranche 10, le chiffre des unités ne change pas.

349 + 10 = 359 349 – 10 = 339

– Quand j'ajoute ou retranche 100, les chiffres des unités et des dizaines ne changent pas.

349 + 100 = 449 349 – 100 = 249

… lire, écrire, décomposer le nombre 1 000.

1 000 :
- 10 centaines
- 100 × 10
- 500 + 500
- 900 + 100
- 999 + 1

32 Je fais le point (3)

socle commun

1 **Écris** sous forme d'un produit le nombre de carrés de chocolat de la tablette entière, puis **calcule**-le.

2 **Écris** sous forme d'un produit le nombre de litres d'huile, puis **calcule**-le.

3 Qui suis-je ?

a. Je possède quatre angles droits et mes quatre côtés sont de même longueur.

b. Je ne possède pas d'angle droit et mes quatre côtés sont de même longueur.

4 **Recopie** et **complète** les égalités.

a. 370 + 10 = ...   495 + 10 = ...
160 – 10 = ...   307 – 10 = ...

b. 728 + 100 = ...   895 + 100 = ...
927 – 100 = ...   650 – 100 = ...

5 **Recopie** et **complète**.

900 + ... = 1 000	1 + ... = 1 000	500 × .... = 1 000	10 × .... = 1 000
500 + ... = 1 000	10 + ... = 1 000	100 × .... = 1 000	1 × .... = 1 000

6 Ce graphique représente la longueur des quatre grands fleuves français.

a. Quel fleuve a une longueur de 812 km ?

b. Lequel a une longueur de plus de 1 000 km ?

c. Quelle est la longueur de la Garonne ?

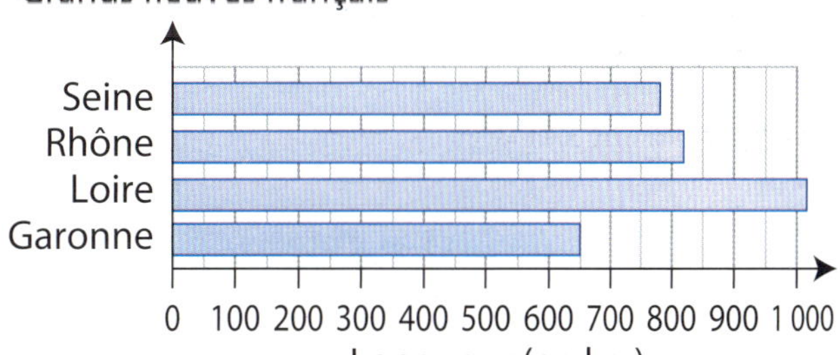

7 a. **Recopie** ces opérations.

489 + 367   987 – 859
600 + 200   918 – 914

Entoure celles que tu peux calculer mentalement.
Écris leurs résultats.

b. **Écris** les résultats des autres opérations en utilisant la calculatrice.

8 **Mesure** la longueur de chaque segment.
Donne la réponse en cm et mm, puis en mm.

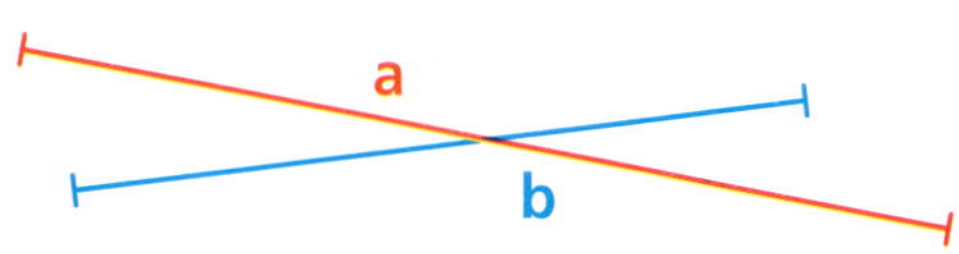

PHOTOFICHES 35, 36

33 Les nombres de 0 à 9 999 (1)

Calcul mental
Retrancher un petit nombre à un nombre de 2 chiffres.
38 – 4

COMPÉTENCES : Lire, écrire les nombres inférieurs à 10 000 en chiffres et en lettres.
Décomposer les nombres inférieurs à 10 000 en milliers, centaines, dizaines et unités.

Je cherche

A a. Salma, Enzo et Laure tirent chacun une carte de chaque boîte.

Pour t'aider, tu peux utiliser ce tableau :

m	c	d	u

Écris les nombres d'Enzo et de Laure comme l'a fait Salma pour le sien.

Salma

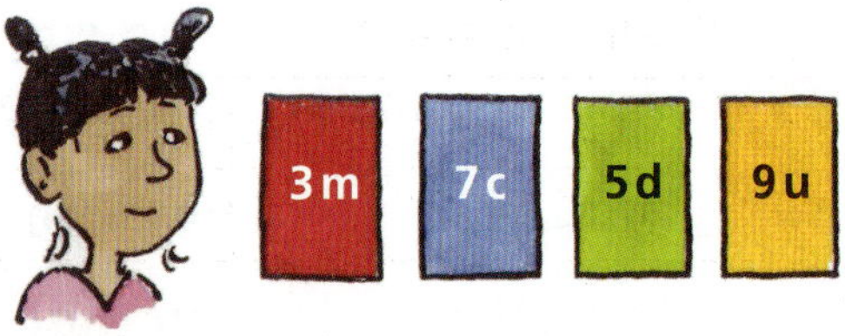

3 milliers 7 centaines 5 dizaines 9 unités
3 000 + 700 + 50 + 9 = 3 759
trois mille sept cent cinquante-neuf

Enzo

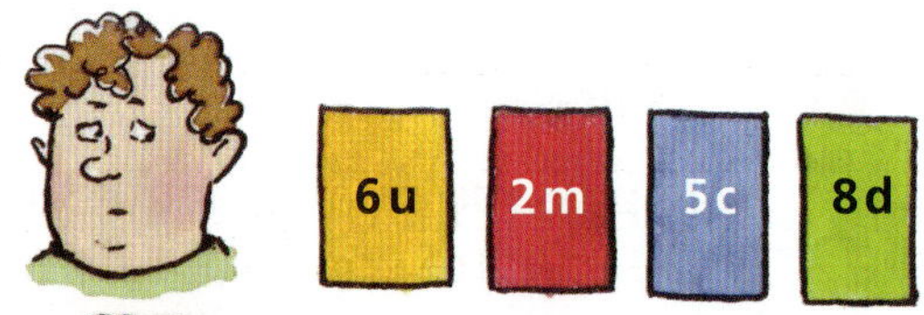

Laure

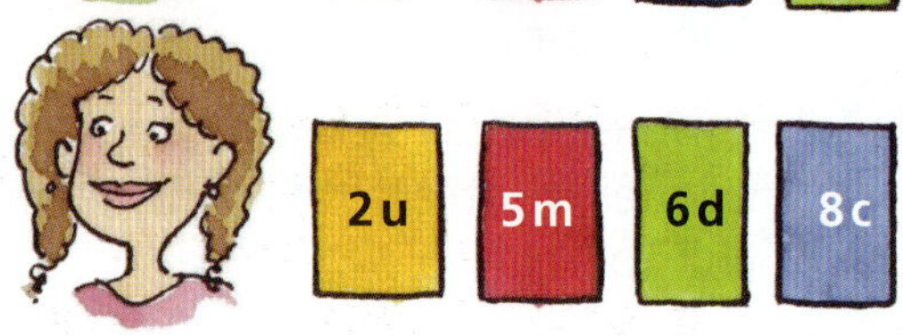

b. Emma et Sami tirent chacun trois cartes.
Écris le nombre obtenu par chaque enfant d'abord en chiffres, puis en lettres.

Attention, le mot « mille » ne prend jamais de « s ».
→ trois mille

Emma

Sami

B Alice a tiré quatre cartes et Raphaël trois.
Écris en chiffres les nombres obtenus, puis **dessine** leurs cartes en les complétant.

Alice

J'ai obtenu deux mille trois cent quatre-vingt-quinze !

Raphaël

Et moi, mille cent huit !

Mémo

m	c	d	u
4	9	2	1

4 921
quatre mille neuf cent vingt et un
4 milliers 9 centaines 2 dizaines 1 unité
4 m 9 c 2 d 1 u
4 921 = 4 000 + 900 + 20 + 1

Je m'entraîne

1 **Écris** en chiffres.

a. mille sept cent vingt-huit
cinq cent quatre-vingt-douze
deux mille neuf cent trente

b. mille trois cent sept
six cent soixante-dix-huit
neuf mille cinq cent neuf

2 **Écris** en lettres.

a. 5 420
6 308

b. 9 060
3 007

3 **Recopie** et **complète** le tableau en suivant l'exemple.

N'oublie pas l'espace entre les milliers et les centaines !

1 357	mille trois cent cinquante-sept	1 000 + 300 + 50 + 7	1 m 3 c 5 d 7 u
....	deux mille huit cent soixante	....	....
....	....	5 000 + 200 + 3	....
....	....	....	7 m 5 d 6 u
....	six mille vingt	....	....

4 **Recopie** ces nombres.
Entoure en **rouge** le chiffre des milliers et en **vert** celui des dizaines.

8 506 951 1 000
76 48

5 **Recopie** et **complète** chaque suite de nombres.

a. 3 550 ; 3 650 ; 3 750 ; .... 4 350.

b. 8 612 ; 7 612 ; 6 612 ; .... 612.

6 **Écris** en chiffres.

a. 8 m | 6 c | 2 u

b. 7 d | 4 c | 8 c

c. 2 d | 9 m

d. 6 m | 6 u | 3 u

7 Quelle somme Yfan possède-t-il ?

8 *J'ai déjà appris*

Quelle est la différence entre un losange et un carré ?

Le coin du chercheur

Trouve un moyen pour lire cet étrange message.

Le miroir
te permet
de lire ce
message.

PHOTOFICHES 37,38

34 CALCUL RÉFLÉCHI Multiplier par 10, par 100, par 1 000

COMPÉTENCE : Multiplier par 10, par 100, par 1 000.

Calcul mental

Dictée de nombres.
2 108

Je cherche

A Manon calcule 5 × 10 et 5 × 100. **Complète** leurs calculs.

Pierre calcule 42 × 10 et 42 × 100.

5 × 10 = 10 × 5	42 × 10 = 10 × 42
5 × 10 = 5 dizaines	42 × 10 = 42 dizaines
5 × 10 = ...	42 × 10 = ...

Trouve une règle pour multiplier un nombre par 10.

5 × 100 = 100 × 5	42 × 100 = 100 × 42
5 × 100 = 5 centaines	42 × 100 = 42 centaines
5 × 100 = ...	42 × 100 = ...

Trouve une règle pour multiplier un nombre par 100.

Utilise ta calculatrice pour calculer 5 × 1 000 et 42 × 1 000.
Trouve une règle pour multiplier un nombre par 1 000.

B **Recopie** et **complète**.

327 × .... = 3 270	9 × .... = 9 000	.... × 35 = 3 500
63 × .... = 6 300	.... × 24 = 240	.... × 40 = 4 000

Je m'entraîne

1 **Calcule** les produits suivants.

a.	b.	c.
52 × 10	72 × 100	6 × 1 000
10 × 123	100 × 24	20 × 1 000
120 × 10	100 × 100	18 × 1 000

2 **Recopie** et **complète**.

32 × .... = 320
.... × 29 = 2 900
524 × .... = 5 240

3 Le carton contient 10 boîtes de 12 crayons.
Combien de crayons contient le carton ?

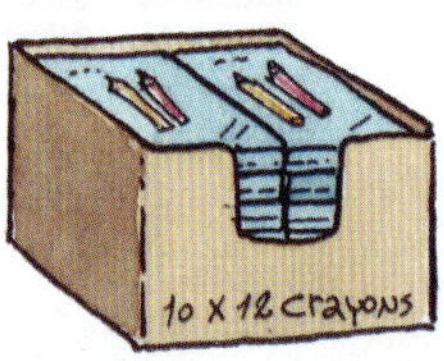

4 Un pirate a placé 100 sacs de 25 pièces d'or dans son coffre.
Combien de pièces d'or contient le coffre ?

5 La caissière fait ses comptes. Elle trouve 152 billets de 10 € et 100 billets de 5 €.
Quel est le montant de la recette ?

Mémo

Pour multiplier un nombre par 10, on écrit un zéro à droite du nombre.
36 × 10 = 360

Pour multiplier un nombre par 100, on écrit deux zéros à droite du nombre.
36 × 100 = 3 600

PHOTOFICHES 39, 40, 41

35 CALCUL RÉFLÉCHI
Calculer un produit

Calcul mental
Ajouter 10 avec passage à la centaine.
295 + 10

COMPÉTENCE : Calculer un produit en utilisant la distributivité.

Je comprends

Aline et Lucas calculent le nombre de carreaux de ce quadrillage.

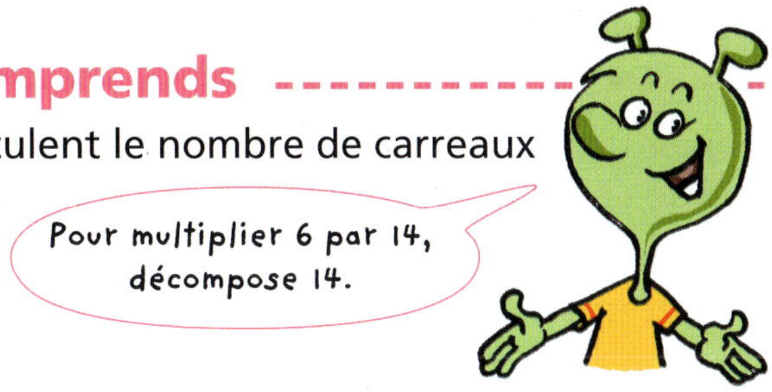

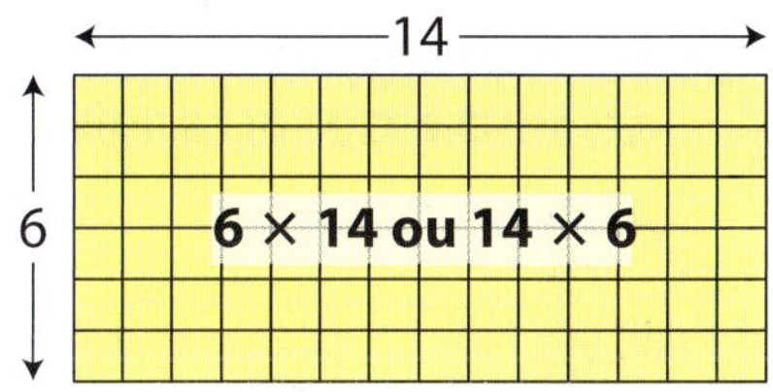

a. **Observe**, **recopie** et **complète** leurs calculs.

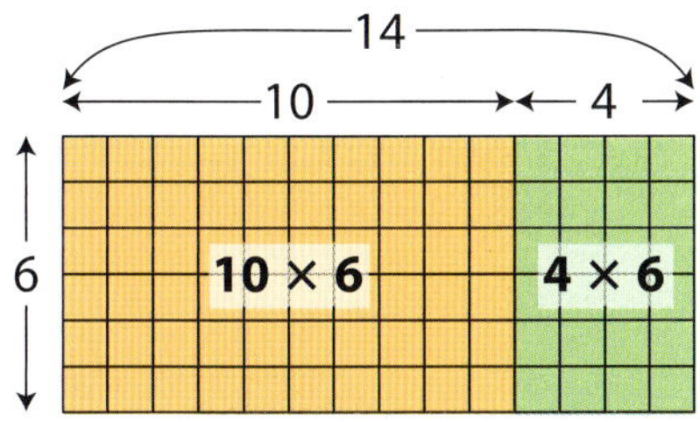

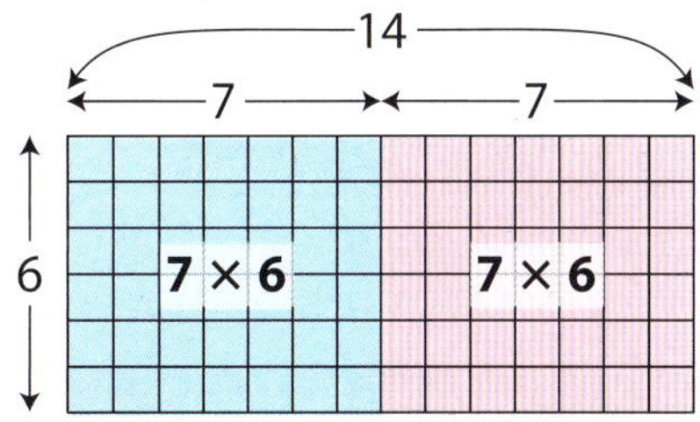

Aline écrit : 14 = 10 + 4
14 × 6 = 10 × 6 + 4 × 6
10 × 6 = ... ; 4 × 6 = ...
14 × 6 = ... + ...
14 × 6 = ...

Lucas écrit : 14 = 7 + 7
14 × 6 = 7 × 6 + 7 × 6
7 × 6 = ...
14 × 6 = ... + ...
14 × 6 = ...

b. **Trouve** une autre façon de calculer ce produit.

Je m'entraîne

1 **Calcule** ces produits.
12 × 7 18 × 5 13 × 6

2 Cette semaine, l'épicière a vendu 17 boîtes de 6 œufs.
Combien d'œufs a-t-elle vendus ?

3 **Écris**, sous forme d'un produit, le nombre de carreaux cachés sous le tapis.
Trouve deux façons de le calculer.

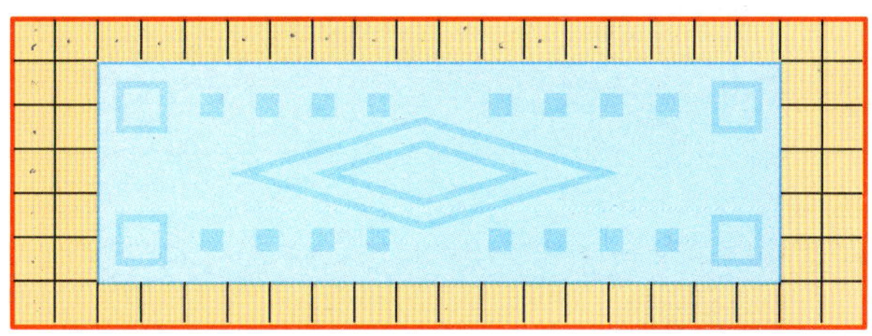

Mémo

15 = 10 + 5
15 × 6 = 10 × 6 + 5 × 6
15 × 6 = 60 + 30
15 × 6 = 90

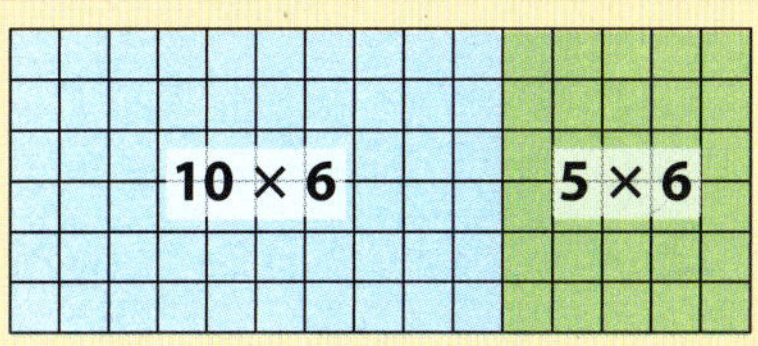

Le coin du chercheur

Mathéo pense à deux nombres qui se suivent.
Il les additionne et trouve 223.
Quels sont ces deux nombres ?

PHOTOFICHES 42, 43

36 Tracer un rectangle ou un carré

COMPÉTENCE : Tracer un rectangle ou un carré avec divers instruments et sur divers supports.

Calcul mental
Retrancher 10 avec passage à la centaine.
308 – 10

Je cherche

A Pour tracer un carré sur du papier uni, Max utilise un gabarit en forme de rectangle et procède comme ci-dessous.

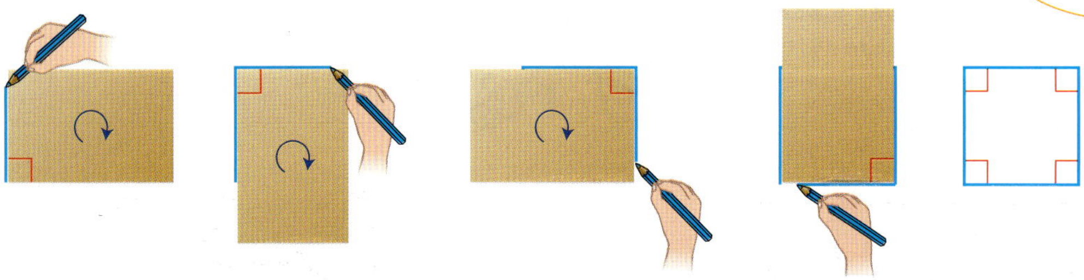

Es-tu d'accord avec Max ?
Justifie ta réponse.

Dessine puis **découpe** un rectangle sur une feuille cartonnée quadrillée.
Avec ce gabarit, **trace** un carré comme Max.

B **Reproduis** ce rectangle sur ton cahier.
Avec ta règle, **dessine** deux carrés qui ont chacun un côté en commun avec le rectangle.

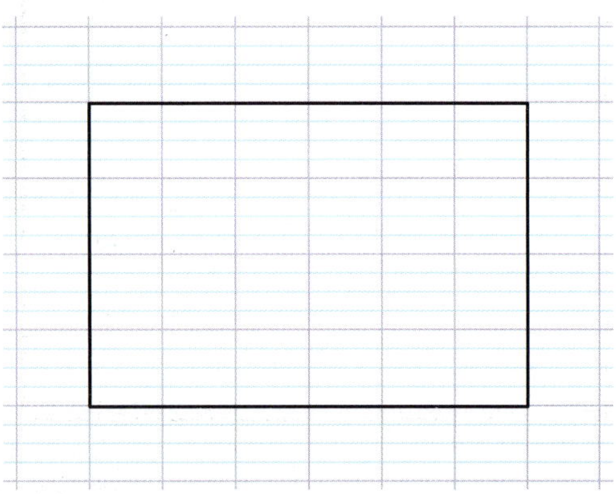

C **Reproduis** et **termine** le carré.

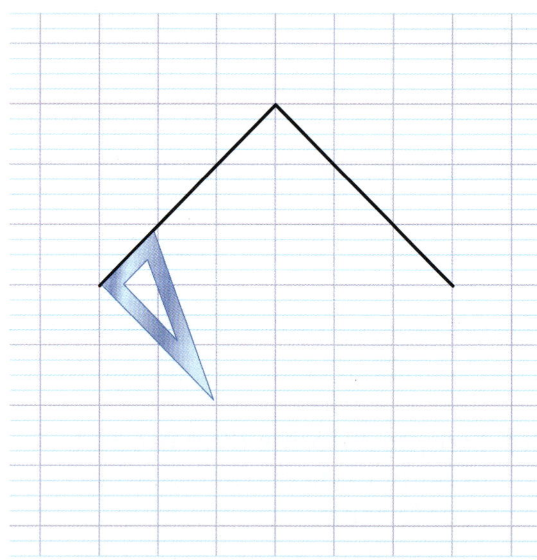

Mémo

Pour tracer un rectangle ou un carré sur du papier uni, tu as besoin :

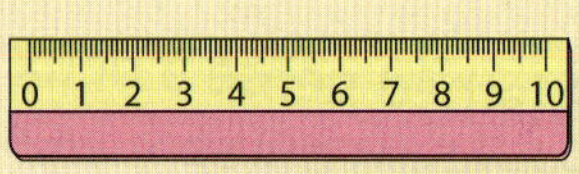

d'une règle graduée

d'une équerre

Je m'entraîne

1 Sur ton cahier, **dessine** :
– un carré dont les côtés mesurent 4 carreaux ;
– un rectangle dont les côtés mesurent 4 carreaux et 6 carreaux.

2 **Reproduis** puis **découpe** ce rectangle.
Avec ce gabarit, **trace** deux carrés différents.

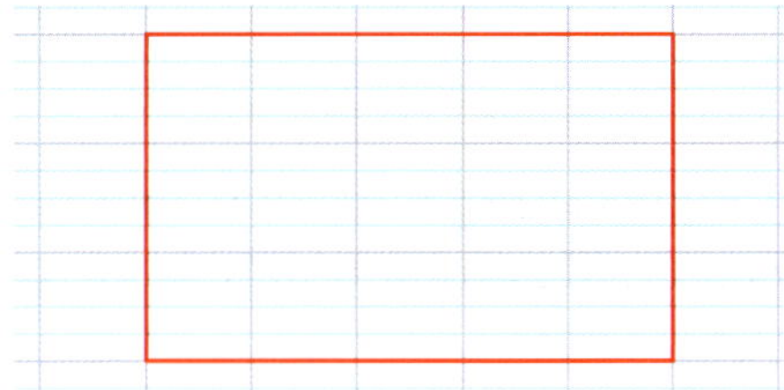

3 **Reproduis** ces figures sur ton cahier.

a.

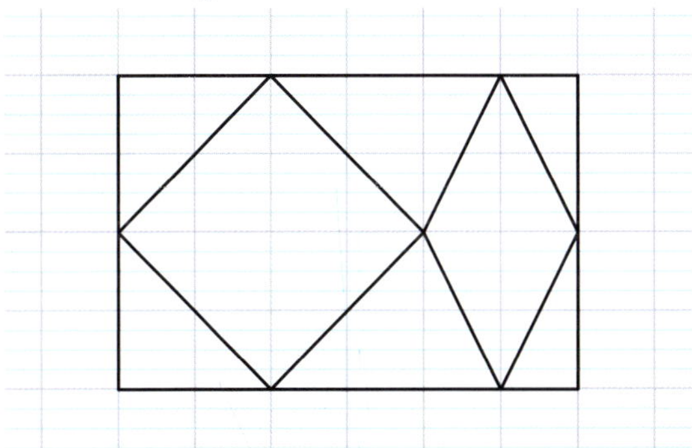

b.

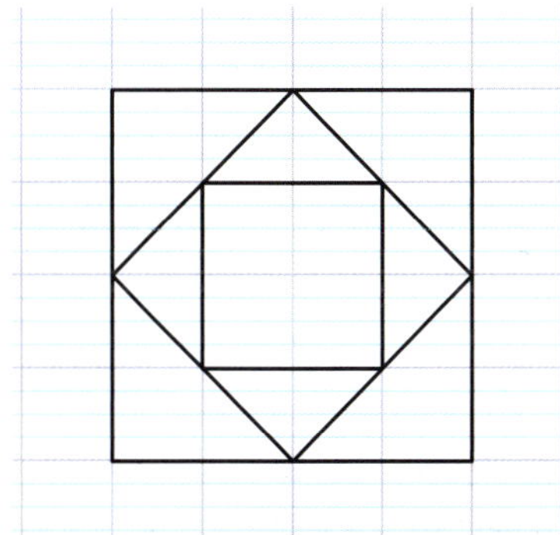

Sur ces figures, **repasse** en **rouge** les côtés des carrés, en **bleu** les côtés du rectangle.

4 **Reproduis** et **termine** le rectangle.

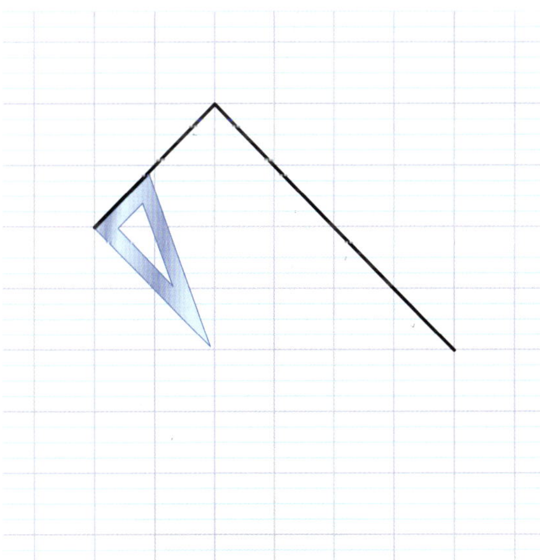

5 **Reproduis** ce rectangle.
Trace un segment qui le partage en un carré et un rectangle.

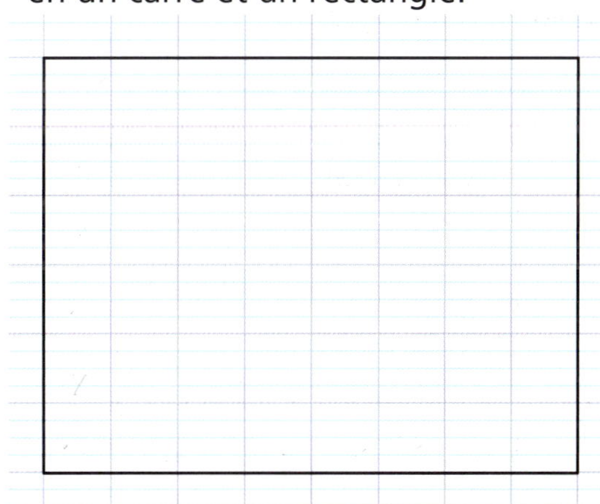

Le coin du chercheur

Choisis un nombre entre 1 et 19.
Ajoute 4 à ce nombre.
Multiplie par 10.
Prends la moitié du nombre obtenu.
Enlève 20.
Multiplie par 2.
Efface le 0.
Que retrouves-tu ?

6 *J'ai déjà appris*

a. Quel est le nombre de centaines dans :
560 ? 900 ? 3 400 ? 6 780 ? 9 999 ?

b. Quel est le nombre de dizaines dans :
23 ? 430 ? 345 ? 1 000 ? 2 346 ?

PHOTOFICHE 44

37 CALCUL RÉFLÉCHI Multiplier par 20, 30… ; par 200, 300…

Calcul mental

Dictée de nombres.
1 008

COMPÉTENCE : Multiplier un nombre d'un chiffre par un nombre entier de dizaines, de centaines.

Je comprends

A Thomas calcule 6 × 30 et Anissa calcule 7 × 500.
Recopie et **complète** leurs calculs.

30, c'est 3 dizaines.
6 × 3 dizaines,
c'est 18 dizaines.

6 × 30 = 6 × 3 × 10
= .... × 10
= ....

7 × 500 = 7 × 5 × 100
= .... × 100
= ....

500, c'est 5 centaines.
7 × 5 centaines,
c'est 35 centaines.

B **Calcule.**

8 × 30 7 × 400 20 × 5 600 × 4

Je m'entraîne

1 **Calcule.**

4 × 20 40 × 3 7 × 300 500 × 6

2 La directrice commande 200 boîtes de 6 feutres.
Combien de feutres recevra-t-elle ?

3 Zahia effectue 4 tours de piste.
Un tour de piste mesure 400 m.
Quelle distance a-t-elle parcourue ?

4 Yohan effectue 5 longueurs dans une piscine de 50 m.
Quelle distance a-t-il parcourue ?

5 Combien de petits cubes comptes-tu sur la face bleue ?
Combien de petits cubes faut-il pour construire ce pavé ?

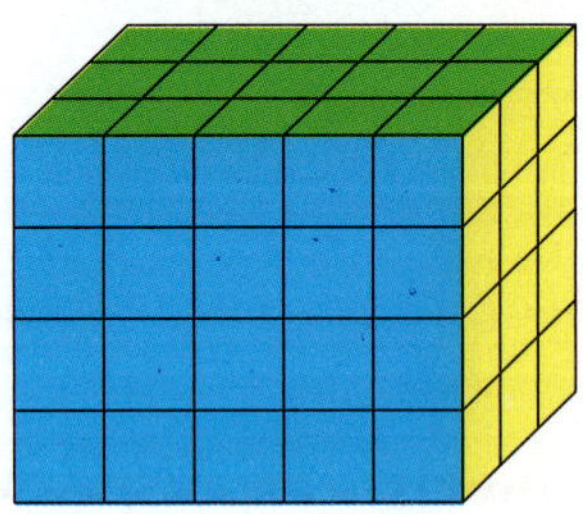

Mémo

6 × 2 = 12
6 × 20 = 120
6 × 200 = 1 200

4 × 5 = 20
4 × 50 = 200
4 × 500 = 2 000

38 Approche de la multiplication posée

COMPÉTENCE : Connaître une technique opératoire de la multiplication.

Calcul mental

Complément à une dizaine proche.

138 + ... = 140

Je comprends

A Jade et son frère Maxime rangent leur collection de pierres sur 5 étagères. Ils en disposent 24 sur chaque étagère.

Combien de pierres rangent-ils ?

Observe, **recopie** et **complète** les calculs de Jade et ceux de Maxime.

24 × 5 = 20 × 5 + ... × ....

24 × 5 = ... + ...

24 × 5 = ...

		c	d	u
			2	4
	×			5
4 × 5 →			....	....
20 × 5 →	+	....	....	....
24 × 5 →		....	....	....

Réponds à la question.

B Julia range 27 figurines par boîte. Elle possède 6 boîtes pleines. Combien de figurines Julia possède-t-elle ?

Pose et **effectue** l'opération.

Réponds à la question.

Je m'entraîne

1 **Recopie** et **calcule**.

		3	4
×			5
		....	....
+	....	....	....
	....	....	....

34 × 5 = ...

		8	6
×			4
		....	....
+	....	....	....
	....	....	....

86 × 4 = ...

2 **Pose** et **calcule**.

a. 74 × 8
67 × 9
59 × 4

b. 58 × 7
53 × 6
82 × 7

3 Mehdi a 5 jeux de 32 cartes.
Combien de cartes possède-t-il ?

4 Dans une salle de spectacle, on compte 9 rangées de 17 fauteuils.
Combien de fauteuils se trouvent dans cette salle ?

5 *J'ai déjà appris*

Calcule.

a. 20 × 4 ; 50 × 6 ; 8 × 30 ; 60 × 7

b. 5 × 500 ; 3 × 400 ; 2 × 700 ; 10 × 100

Le coin du chercheur

Chaque jour, Mathieu perd 3 cheveux. Lundi, il lui en restait encore 16.
Quel jour ne restera-t-il plus qu'un seul cheveu sur la tête de Mathieu ?

39 PROBLÈMES Situations additives, soustractives, multiplicatives

COMPÉTENCE : Résoudre des problèmes en retrouvant le sens des opérations.

> **Calcul mental**
> **Trouver le nombre de dizaines dans…**
> 235

1 **Lis** chaque énoncé.
Choisis l'opération qui convient et
réponds à la question.

A Au championnat cycliste de Lorraine, les coureurs doivent parcourir 8 fois un circuit de 24 km.
Quelle est la longueur totale de la course ?

B Les cadets doivent parcourir 24 km. C'est 8 km de plus que le trajet des minimes.
Quelle distance doivent parcourir les minimes ?

C 24 coureurs sont arrivés et 8 ont abandonné.
Combien de coureurs ont pris le départ ?

D Arnaud doit parcourir 24 km.
Quelle distance a-t-il parcourue, quand il passe devant le panneau « Arrivée : 8 km » ?

E L'entraîneur du club a acheté 8 équipements qui coûtent 24 € l'un.
Combien a-t-il dépensé ?

F Fatima a parcouru 24 km. Elle est à 8 km de l'arrivée.
Quelle est la longueur totale de la course ?

2 **Résous** les problèmes suivants.

A Jules a préparé 18 bouquets de 10 œillets.
Combien d'œillets a-t-il utilisés ?

B Vincent a une collection de timbres. Il en donne 25 à son frère. Il lui en reste 268.
Combien de timbres avait-il dans sa collection ?

C Adrien a ramassé 65 escargots. Sa sœur en a ramassé 87.
Combien en a-t-elle de plus ?
Combien d'escargots ont-ils ramassés en tout ?

D Karim a 48 billes. À la récréation du matin, il joue avec Joséphine et en perd 15.
Combien de billes lui reste-t-il ?

À la récréation de l'après-midi, il joue avec Sylvio et en gagne 12.
Combien de billes a-t-il maintenant ?

E Quelle est la masse du chargement de ce camion ?

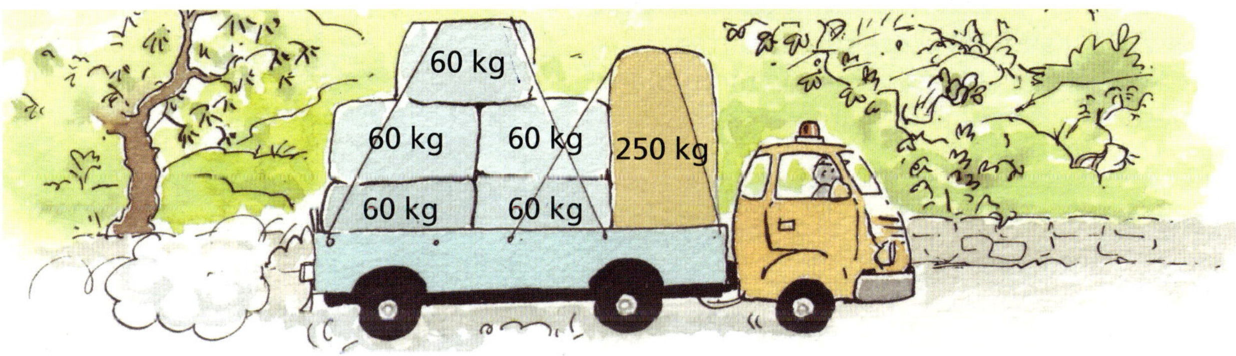

F Emma achète 3 douzaines d'œufs. Elle utilise 8 œufs pour faire un gâteau.
Combien lui en reste-t-il ?

G Avec sa récolte d'olives, Eusébio a pu remplir cette année 4 bidons de 5 L d'huile d'olive et une jarre de 12 L.
Combien de litres d'huile Eusébio a-t-il obtenus ?

H La classe orchestre à cordes est composée de 22 élèves. Quatre élèves jouent de l'alto, deux du violoncelle, quatre de la contrebasse. Les autres jouent du violon.
Combien de violonistes comprend cette classe orchestre ?

I Un éleveur avait un troupeau de 540 moutons au début de l'année. Cet été, il en a vendu 180 et 245 agneaux sont nés.
Combien de moutons a-t-il maintenant ?

40 Mobilise tes connaissances ! (2)

COMPÉTENCES : Mobiliser ses connaissances et ses savoir-faire pour interpréter des documents et résoudre des problèmes complexes.

La plus haute montagne de France : le mont Blanc

Le mont Blanc est le plus haut sommet de la chaîne des Alpes.
Le sommet rocheux culmine à 4 792 mètres, mais l'altitude est mesurée au-dessus de la couche neigeuse coiffant la cime.
Cette couche de neige, appelée « neiges éternelles », a une épaisseur qui varie de 15 à 23 mètres.
Lors de la dernière mesure en 2007, le mont Blanc culminait **exactement à 4 810 m et 90 cm,** soit 2 m 15 cm de plus que deux ans avant…

Avant 2001, l'altitude écrite sur les cartes était 4 807 mètres ! Mais depuis, le mont Blanc est mesuré tous les 2 ans environ.

2001 :	4 810 m 40 cm
2003 :	4 808 m 45 cm
2007 :	4 810 m 90 cm

1. Trouve l'altitude du mont Blanc en 2005.

2. Range les altitudes du mont Blanc de la plus petite à la plus grande.

3. En 2007, quelle épaisseur de « neiges éternelles » recouvrait le sommet rocheux du mont Blanc ?

Relevé des hauteurs de neige aux Aiguilles Rouges (2 330 m) du massif du Mont-Blanc
(Météo France)

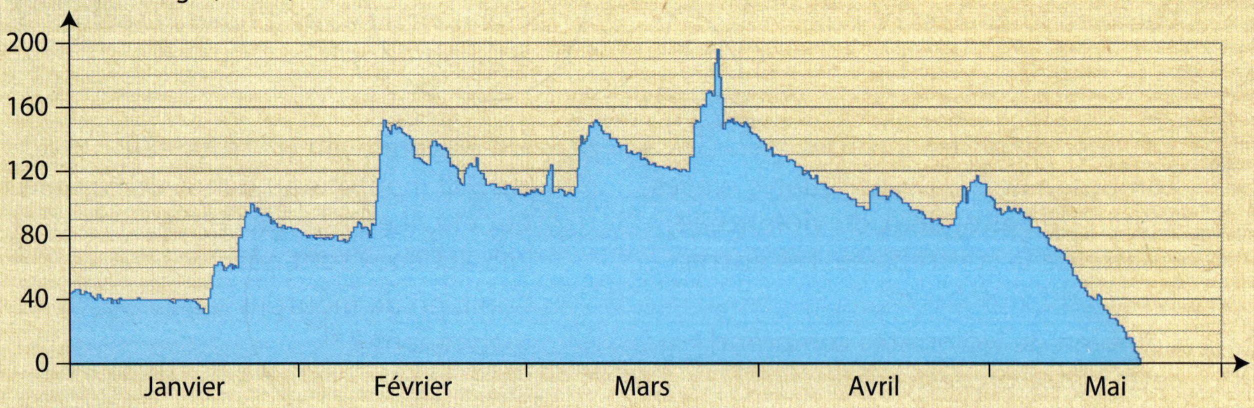

4. Quelle est la hauteur de neige maximale aux Aiguilles Rouges durant le mois de janvier ?

5. Quel est le mois où la hauteur de neige atteint presque 2 mètres ?

6. Vers quelle date la neige a-t-elle entièrement fondu ?

La première ascension connue du sommet du mont Blanc remonte au 8 août 1786 par Jacques Balmat et le docteur Michel Paccard.

7. Combien d'années se sont écoulées depuis la première ascension du mont Blanc ?

Le train du Montenvers, inauguré en 1909, relie la ville de Chamonix à la mer de Glace. L'écartement des rails est de 1 000 millimètres. Chaque train transporte environ 200 passagers.

« Voyage à la mer de Glace » Aller-retour train + accès libre télécabine + visite grotte		
Adultes (16 ans et +)	**Jeunes** (de 4 ans à 15 ans)	**Famille** (2 adultes + 2 jeunes)
23 €	**18 € 40**	**69 €**

8. Écris en mètre l'écartement des rails du train du Montenvers.

9. Combien de trains sont nécessaires pour transporter 1 000 passagers ?

10. Combien paiera un groupe de 9 adultes qui prend ce train pour aller voir la mer de Glace ?

D'une longueur de 7 km, la mer de Glace est le plus grand glacier de France.

Sa largeur varie entre 700 et 1 950 mètres. L'épaisseur de la glace est en moyenne de 200 mètres ; elle dépasse parfois 400 mètres.

La mer de Glace avance, par endroits, de 130 mètres par an !

11. Quelle distance peut parcourir la mer de Glace en 5 ans ? en 10 ans ?

http://www.pays-mont-blanc.com/
http://www.compagniedumontblanc.fr/pages/train_montenvers_ete.html

41

J'ai appris à…

Et retiens !

◆ … lire, écrire, décomposer les nombres jusqu'à 9 999.

Nombre en chiffres	Nombre en lettres	Décomposition du nombre
4 208	quatre mille deux cent huit	4 000 + 200 + 8 4 m 2 c 8 u

◆ … multiplier par 10, par 100.

Pour multiplier un nombre par 10, j'**écris** un 0 à la droite de ce nombre.

25 × 10 = 250 78 × 10 = 780

Pour multiplier un nombre par 100, j'**écris** deux 0 à la droite de ce nombre.

8 × 100 = 800 5 × 100 = 500

◆ … écrire et calculer un produit.

14 × 6 = 10 × 6 + 4 × 6

14 × 6 = 60 + 24

14 × 6 = 84

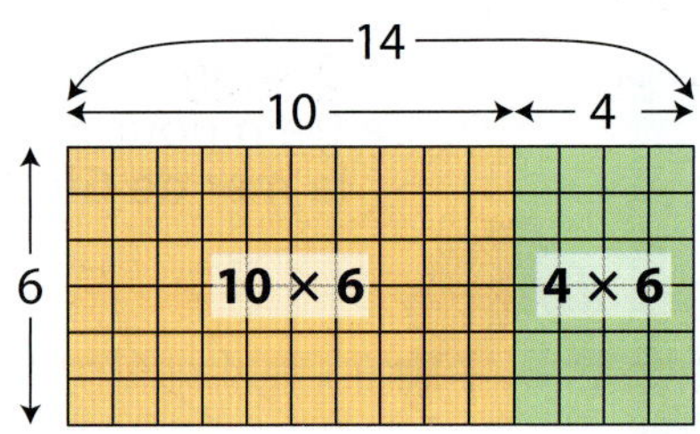

◆ … tracer un rectangle ou un carré.

◆ … multiplier par des dizaines, des centaines entières.

Pour multiplier un nombre par 20, 30…, je le multiplie par 2, 3…, puis par 10.

7 × 30 = 7 × 3 × 10

7 × 30 = 21 × 10

7 × 30 = 210

Pour multiplier un nombre par 200, 300…, je le multiplie par 2, 3…, puis par 100.

7 × 300 = 7 × 3 × 100

7 × 300 = 21 × 100

7 × 300 = 2 100

◆ … poser et effectuer une multiplication.

Je commence par les unités : 5 × 4 = 20. J'écris 20.

Je continue avec les dizaines : 5 × 2 dizaines = 100.

J'écris 100.

Enfin, j'additionne : 20 + 100 = 120.

		c	d	u
			2	4
	×			5
4 × 5 →			2	0
20 × 5 →	+	1	0	0
24 × 5 →		1	2	0

42 Je fais le point (4)

socle commun

1 a. **Recopie** ces nombres et **entoure** en **bleu** le chiffre des centaines.

9 085   792

b. **Recopie** ces nombres et **entoure** en **rouge** le chiffre des milliers.

2 917   8 056

2 a. **Écris** en chiffres.

huit mille cent quatre-vingts
sept mille quatre-vingt-douze

b. **Écris** en lettres.

8 090   1 016

3 **Écris** en chiffres.

a. 5 milliers 6 centaines 4 unités

b. 7 dizaines 8 milliers

c. 2 centaines 9 dizaines 1 unité

d. 4 milliers 1 unité

4 **Recopie** et **effectue** les opérations sans les poser.

357 × 10   89 × 100

10 × 769   100 × 90

5 **Recopie** et **effectue** les opérations sans les poser.

7 × 20   9 × 300

40 × 9   700 × 4

6 **Pose** et **calcule**.

5 × 58   6 × 48

7 **Découpe** un rectangle de cette dimension.
Utilise-le comme gabarit pour tracer un carré.

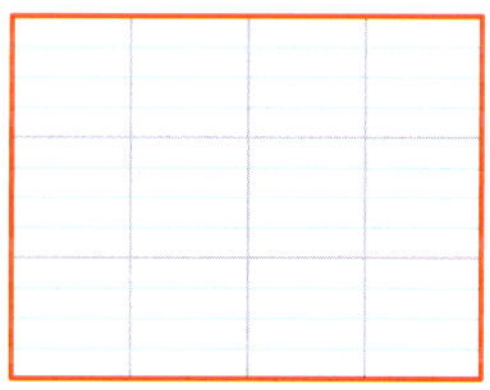

8 **Résous** le problème.

Le couloir de l'école est carrelé.
On compte 68 carreaux sur la longueur et 5 sur la largeur.
Combien de carreaux recouvrent le sol de ce couloir ?

43 Des problèmes pour découvrir le monde (2)

COMPÉTENCE : Appliquer ses connaissances au monde qui nous entoure.

1 L'âge des rois de France

Écris l'année de naissance de chacun de ces rois de France :

a. **en chiffres :** Henri Ier : mille huit ; Philippe Ier : mille cinquante-deux.

b. **en lettres :** Hugues Capet : 941 ; Charles IV : 1 294.

2 Le miel

Une abeille produit 5 g de miel par jour. Quelle masse de miel produit-elle en deux semaines ?

3 La France et ses frontières

La France compte :
515 km de frontière avec l'Italie ;
572 km avec la Suisse ;
450 km avec l'Allemagne ;
73 km avec le Luxembourg ;
620 km avec la Belgique ;
650 km avec l'Espagne ;
57 km avec la principauté d'Andorre.

a. Avec quel État la frontière est-elle la plus longue ?

b. Quelle est la longueur totale des frontières de la France ?

4 La tétée du poulain

Un poulain tète environ 25 L de lait par jour.
Combien de litres de lait tète-t-il :
– en 3 jours ?
– en un mois de 30 jours ?

5 Prenons de la hauteur !

Voici les altitudes des plus hauts sommets de chaque continent.
AFRIQUE : Kilimandjaro 5 895 m
AMÉRIQUE DU NORD : McKinley 6 178 m
AMÉRIQUE DU SUD : Aconcagua 7 010 m
ASIE : Everest 8 848 m
EUROPE : mont Blanc 4 810 m
OCÉANIE : mont Jaya 5 030 m
ANTARCTIQUE : mont Vinson 5 140 m
Range ces altitudes de la plus grande à la plus petite.

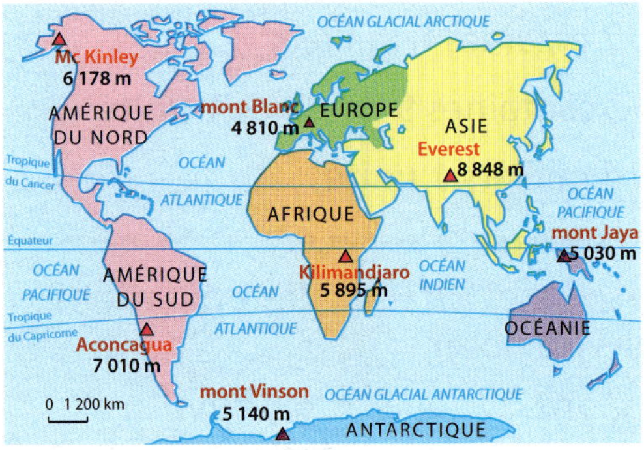

6 L'armée romaine

a. Dans l'armée romaine une *centurie* comprenait environ 100 soldats.
Deux centuries formaient un *manipule* et 3 manipules formaient une *cohorte*.
Combien de soldats comptait un manipule ? Une cohorte ?

b. Une *légion* comprenait 6 000 soldats.
Combien fallait-il de centuries pour former une légion ?

7 Internet

Quel est le temps passé en moyenne sur Internet, pendant une semaine, par un Chinois ? un Français ? un Japonais ?

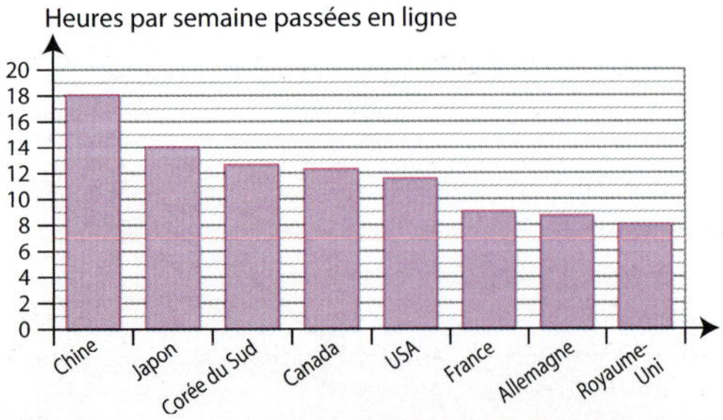

Période 3

Cherche dans le dessin des détails illustrant les notions étudiées dans la période.
Retrouve Mathéo la mascotte.

	Leçons		Leçons
• Effectuer un calcul posé : la soustraction, la multiplication.	50, 55, 58	• Lire l'heure.	49
• Comparer, ranger et encadrer les nombres entiers jusqu'à 9 999.	45, 51	• Reproduire des figures.	52
• Calculer des différences, des produits.	46, 47, 57	• Reconnaître qu'une figure possède un ou plusieurs axes de symétrie.	44
• Connaître les unités de mesure de longueur et les relations qui les lient.	48, 59	• Tracer le symétrique d'une figure.	56
		• Calculer le périmètre d'un polygone.	60
		• Résoudre des problèmes.	61, 62, 65

PHOTOFICHES 47, 48

44 Axes de symétrie

Calcul mental

Dictée de nombres.
2 438

COMPÉTENCE : Reconnaître qu'une figure possède un ou plusieurs axes de symétrie, par pliage ou à l'aide du papier-calque.

Je cherche

A **a. Reproduis** les figures **A**, **B** et **C**. **Découpe**-les.
Par pliage, **cherche** les axes de symétrie des figures découpées.

Trace-les en rouge.
Quelle figure n'a aucun axe de symétrie ?

B
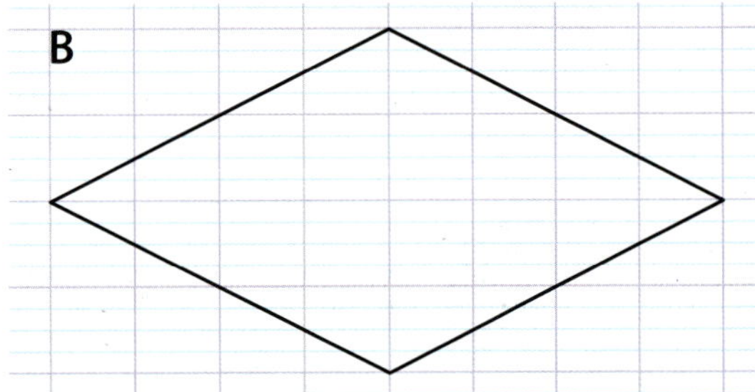

A
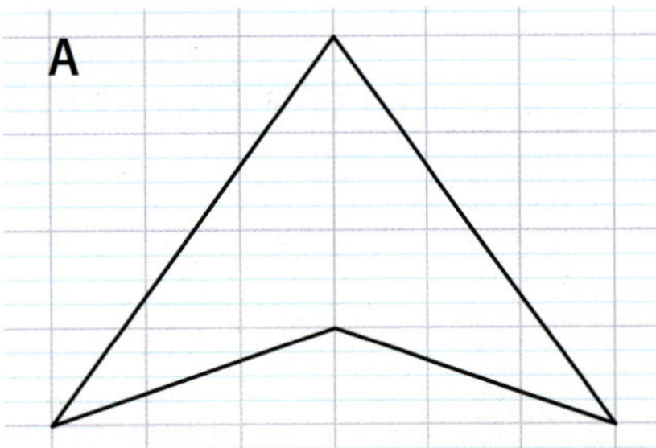

C
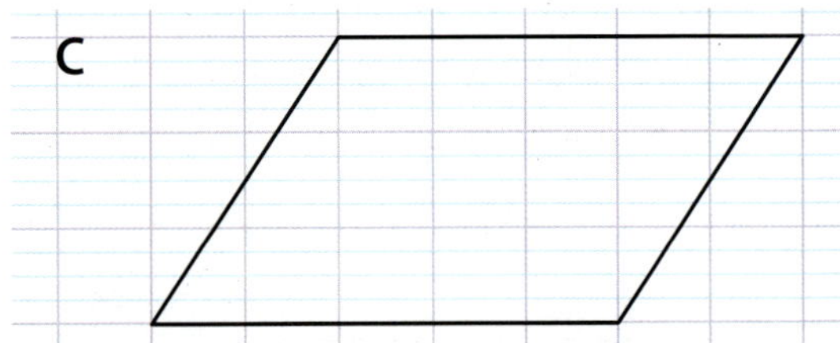

b. Place chaque figure découpée sur son modèle.
Puis, **retourne**-la et **essaie** de la superposer à son modèle.
Que constates-tu ?
Quelle figure retournée ne se superpose pas à son modèle ?

B **Décalque** ces deux figures.

D
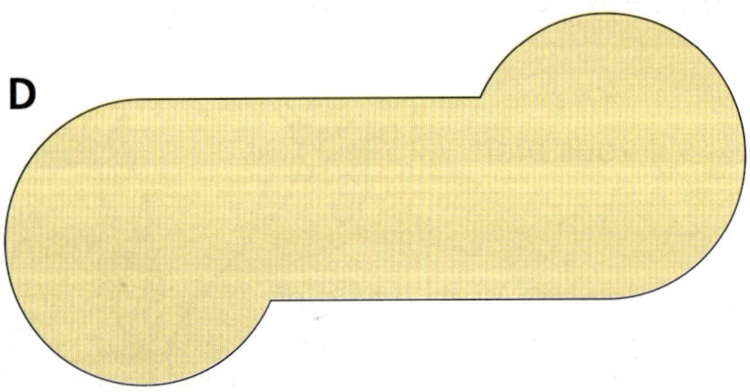

E
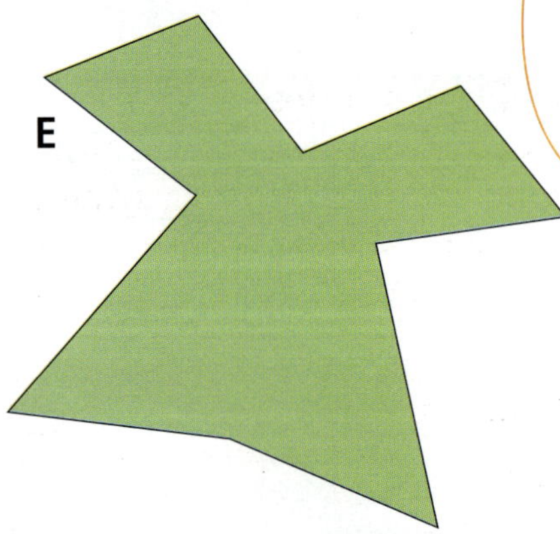

Pour chacune d'elles, **retourne** le calque et **essaie** de le superposer à sa figure.
Quelle figure possède un axe de symétrie ?
Trace-le sur le calque.

Mémo

Pour vérifier qu'une figure possède un axe de symétrie, tu peux :

1. la plier ;

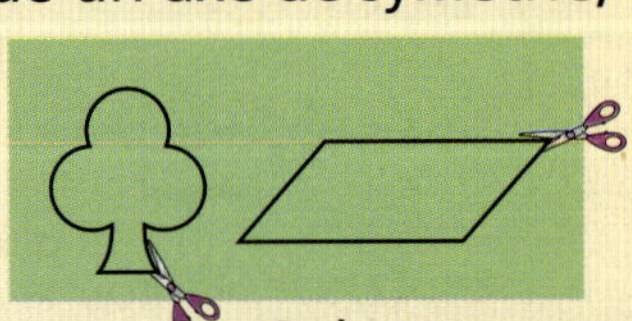

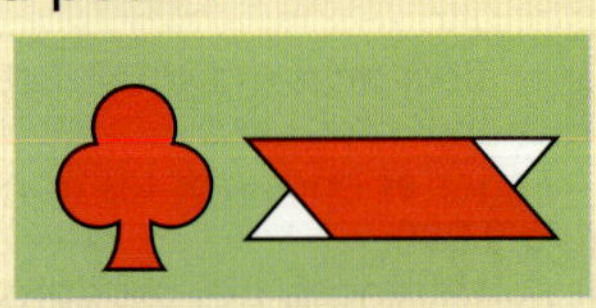

2. la retourner dans sa trace.

Je m'entraîne

1 **Reproduis** les figures **F** et **G**. **Découpe**-les.
Par pliage, **cherche** les axes de symétrie des figures découpées.

Trace en rouge ces axes de symétrie.

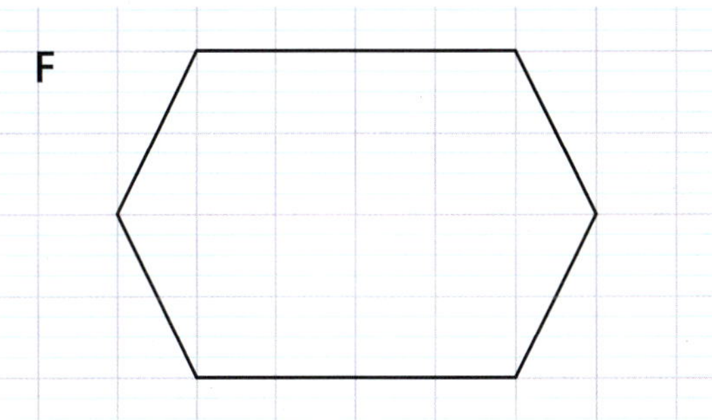

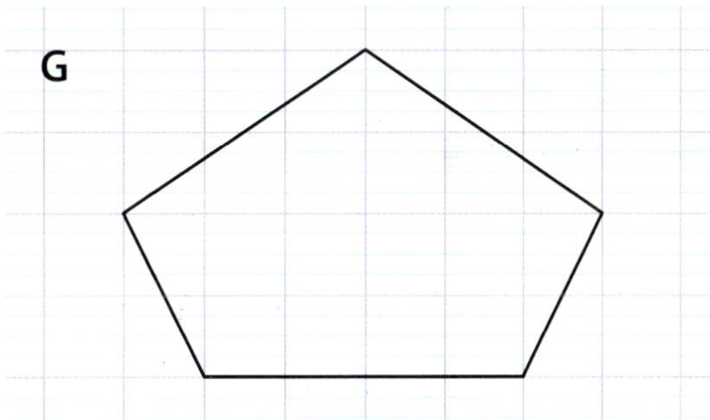

2 **Reproduis** la figure, puis **découpe**-la.
Cherche l'axe de symétrie.

Trace-le en rouge.

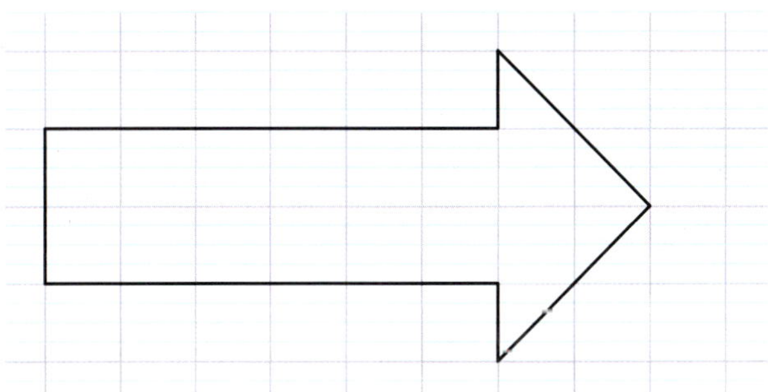

3 Cette figure possède-t-elle un axe de symétrie ?

4 **Décalque** les figures ci-dessous.
Pour chacune d'elles, **retourne** le calque et essaie de le superposer à la figure.
Quelle figure possède un axe de symétrie ?

Trace-le sur le calque.

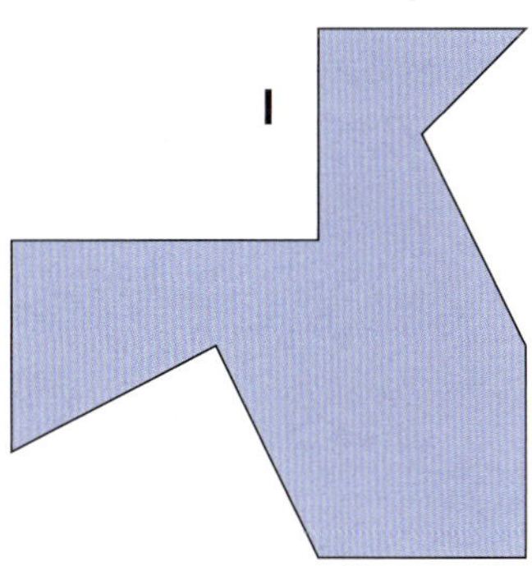

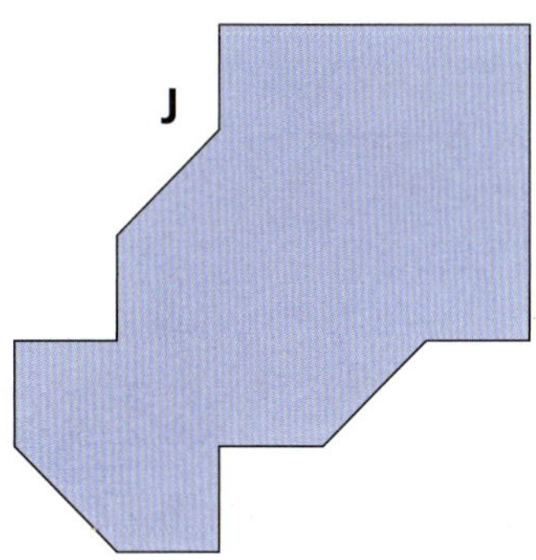

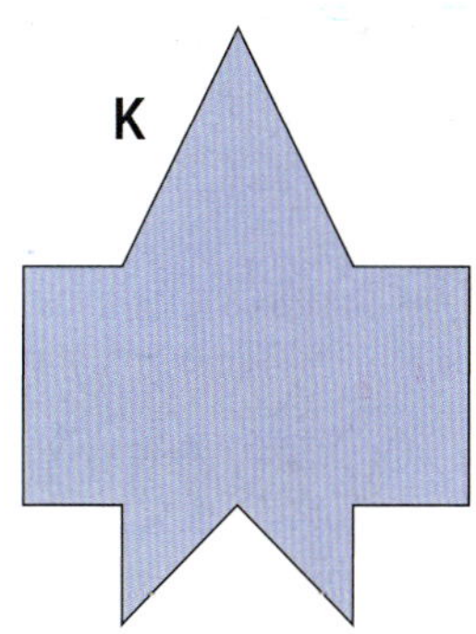

5 *J'apprends à calculer*

Calcule selon l'exemple.

70 = 60 + 10

moitié de 70 = moitié de 60 + moitié de 10

moitié de 70 = 30 + 5 = 35

moitié de 30 ; moitié de 50 ; moitié de 90 ; moitié de 110 ; moitié de 150

Le coin du chercheur

Martine dit :
« J'ai zéro bonbon. »

Adrien ajoute :
« J'en ai moitié moins. »

Combien de bonbons Adrien a-t-il ?

PHOTOFICHES 49, 50

45 Les nombres de 0 à 9 999 (2)

COMPÉTENCES : Comparer, ordonner, intercaler, encadrer les nombres inférieurs à 10 000.

Calcul mental

Dictée de nombres.
2 038

Je cherche

Les enfants jouent aux fléchettes.

Alma

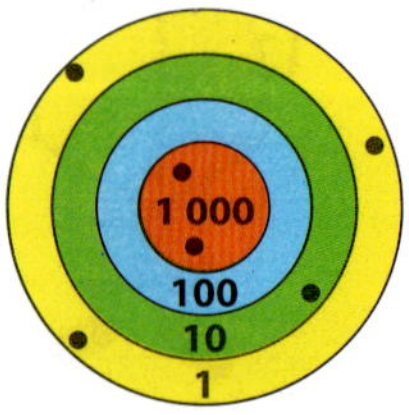

Julien

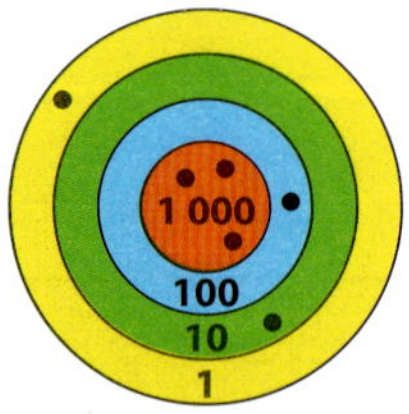

Hichem

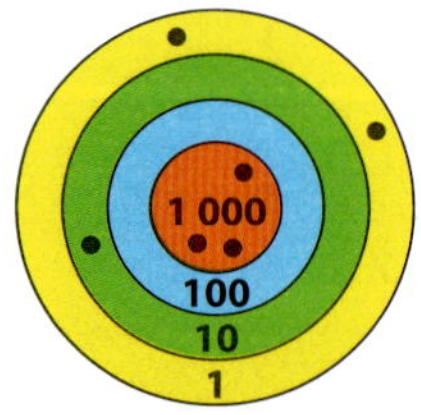

Zoé

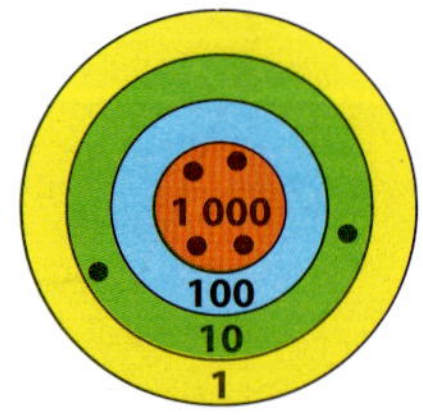

A **Reproduis** le tableau. **Complète**-le avec le score de chaque enfant.

	m	c	d	u
Alma	2	0	1	3
Julien	....	....	....	....
Hichem	....	....	....	....
Zoé	....	....	....	....

Décompose chaque score suivant l'exemple.

2 013 = 2 × 1 000 + 1 × 10 + 3

Quel joueur a marqué le plus grand nombre de points ? le plus petit nombre ?

Écris les scores du plus grand au plus petit.

Recopie et **complète**.

Pour comparer le score de Zoé et celui de Julien,
j'ai comparé les chiffres des .....

Pour comparer le score de Julien et celui de Hichem,
j'ai comparé les chiffres des .... et des .....

B Deux autres enfants participent au jeu. **Yann** obtient 2 640 points et **Samira** 3 050 points.
Range les scores de tous les enfants du plus grand au plus petit.

C **Encadre** les nombres selon les exemples.

a. 7 000 < 7 395 < 8 000   .... < 8 279 < .... < 3 999 < ....

b. 7 300 < 7 395 < 7 400   .... < 8 279 < .... < 3 999 < ....

c. 7 390 < 7 395 < 7 400   .... < 8 279 < .... < 3 999 < ....

d. 7 394 < 7 395 < 7 396   .... < 8 279 < .... < 3 999 < ....

Mémo

Pour comparer 2 nombres de 4 chiffres, on compare d'abord les chiffres des milliers :

3 451 < 4 875, car 3 < 4

Si les nombres ont le même chiffre des milliers, on compare les chiffres des centaines :

3 451 < 3 810 car 4 < 8

Si nécessaire, on fait de même avec les chiffres des dizaines puis les chiffres des unités.

Je m'entraîne

1 **Recopie** et **complète** avec les signes < ou >.

a. 3 108 .... 3 081
2 135 .... 4 502
5 750 .... 5 705
8 451 998

b. 7 010 .... 7 100
4 782 .... 4 728
976 .... 1 002
6 999 .... 7 001

2 **Range** ces nombres dans l'ordre croissant.

9 909 ; 9 099 ; 9 090 ; 9 990

3 **Écris** le précédent et le suivant.

a. .... < 4 000 < ....
.... < 2 999 < ....

b. .... < 6 499 < ....
.... < 3 099 < ....

4 **Range** ces fleuves du plus long au plus court.

Loire : 1 013 km
Dniepr : 2 290 km
Rhin : 1 320 km
Danube : 3 020 km
Tage : 1 006 km
Volga : 3 700 km

5 **Parmi** ces nombres, lesquels sont compris entre 3 500 et 4 500 ?

2 099 ; 3 120 ; 4 052 ; 3 785 ; 2 594 ; 4 620 ; 5 108 ; 3 975 ; 1 099

6 **Associe** chacun des nombres suivants à l'étiquette qui convient selon l'exemple.

A → 4 102

6 002 ; 5 709 ; 7 985 ; 4 102 ; 5 670 ; 5 932

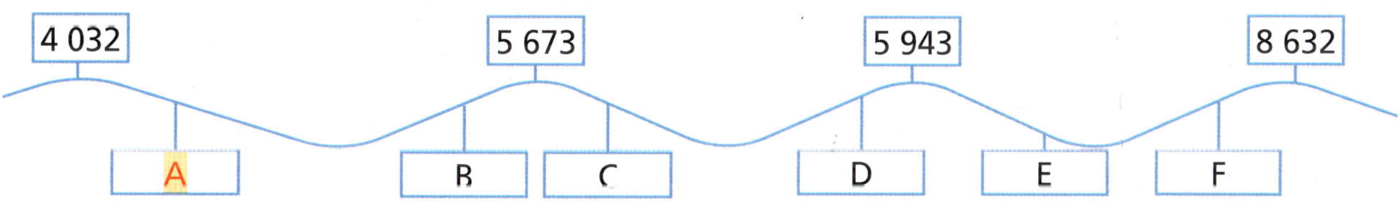

7 **Écris** les numéros des livres qui manquent sur l'étagère.

8 *J'ai déjà appris*

Sur quel dessin le trait rouge est-il axe de symétrie ?

A

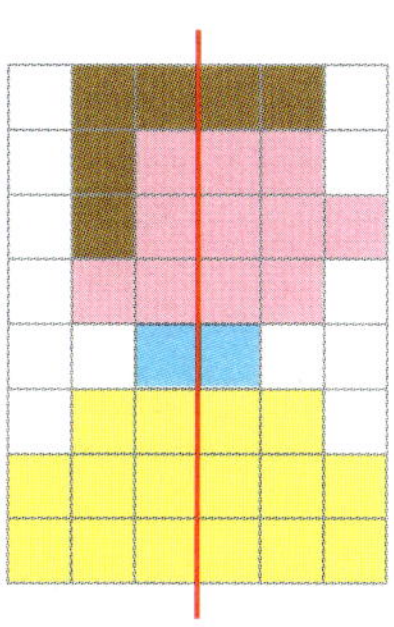

B

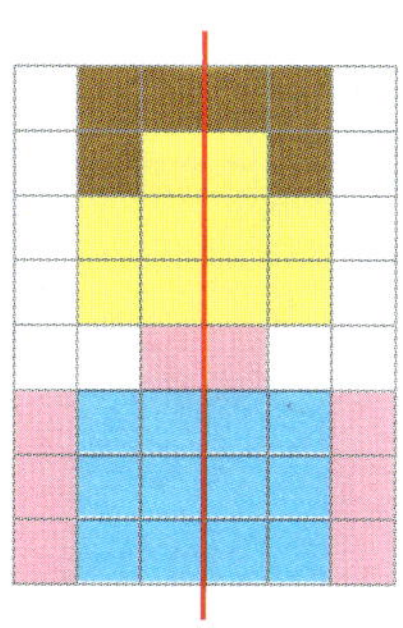

Le coin du chercheur

L'arbre se lamente :
« J'avais encore 20 feuilles. Hier, le vent d'automne m'en a arraché la moitié et aujourd'hui, la moitié de celles qui me restaient ! »
Combien de feuilles lui reste-t-il ?

PHOTOFICHE 51

46 CALCUL RÉFLÉCHI Doubles et moitiés

Calcul mental

Table de multiplication par 2.

4 × 2

COMPÉTENCES : Connaître et utiliser les expressions double et moitié d'un nombre.

Je cherche

A **Dessine** sur ton cahier les billes de Louis et celles de Jeanne. Combien de billes ont-ils ?

B Marine calcule le double de 29.
Recopie et **complète** son calcul.

29 = 20 + 9
Double de 29 = double de 20 + double de 9
Double de 29 = ... + ...
Double de 29 = ...

Hichem calcule la moitié de 38.
Recopie et **complète** son calcul.

38 = 30 + 8
Moitié de 38 = moitié de 30 + moitié de 8
Moitié de 38 = ... + ...
Moitié de 38 = ...

C Tous les nombres ont-ils des doubles ? Un double est-il un nombre pair ?
Peux-tu calculer la moitié de 29 ? Peux-tu calculer la moitié d'un nombre impair ?

Je m'entraîne

1 **Calcule** les doubles des nombres suivants.
a. 15 ; 25 ; 34 ; 50
b. 17 ; 26 ; 59 ; 73

2 **Écris** les nombres compris entre 20 et 40 qui n'ont pas de moitié.
Comment appelle-t-on ces nombres ?

3 **Calcule** les moitiés des nombres suivants.
a. 16 ; 24 ; 58 ; 60
b. 18 ; 36 ; 52 ; 74

4 Sarah a utilisé 90 perles pour fabriquer un collier. Mélina en a utilisé la moitié pour fabriquer le sien.
Combien de perles Mélina a-t-elle utilisées ?

5 Comment Sonia a-t-elle trouvé que Léo s'est trompé ?

6 *J'ai déjà appris*

Quels sont les axes de symétrie de ces figures ?

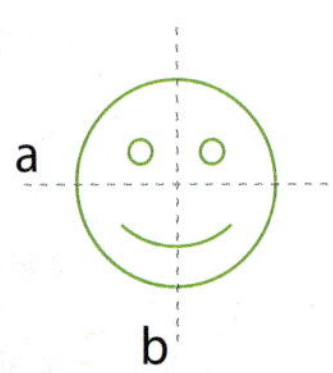

Figure 1

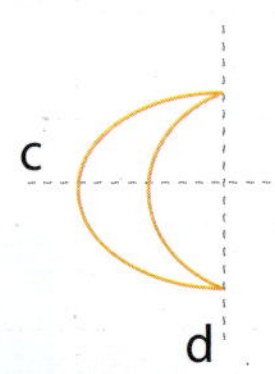

Figure 2

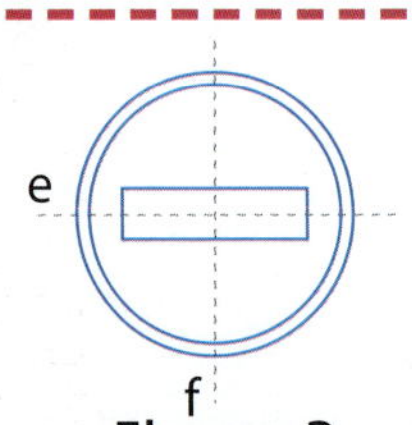

Figure 3

47 Aide à l'apprentissage des tables de multiplication

COMPÉTENCES : Mobiliser les résultats connus pour calculer des produits.
Mémoriser les produits de la table de multiplication.

Calcul mental
Table de multiplication par 5.
6 × 5

Je comprends

Observe, **recopie** et **complète**.

Je connais la table de multiplication par 6 jusqu'à 6 × 4. Comment la compléter jusqu'à 6 × 10 ?

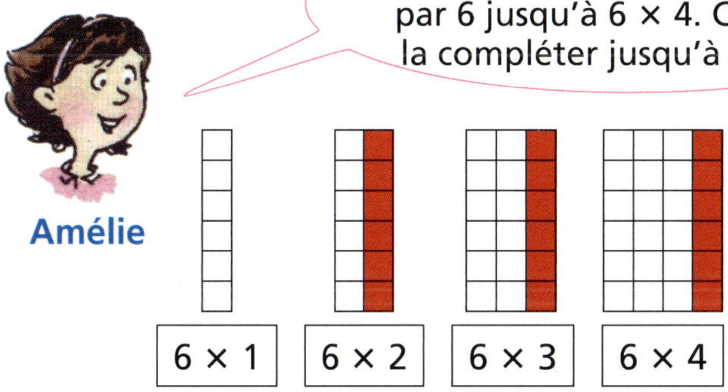

Moi, je connais la table de multiplication par 3. Comment construire la table de 6 ?

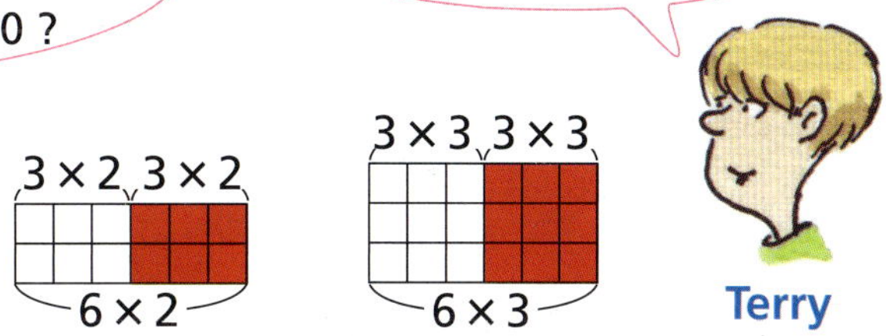

J'ajoute **6** chaque fois.

6 × 1 = 6
6 × 2 = 6 + **6** = 12
6 × 3 = 12 + **6** = 18
6 × 4 = 18 + **6** = 24
6 × 5 = ...
6 × 6 = ...
6 × 7 = ...
6 × 8 = ...
6 × 9 = ...
6 × 10 = 60

Je **double** les résultats de la table de 3.

3 × 2 = 6 → 6 × 2 = 12
3 × 3 = 9 → 6 × 3 = 18
3 × 4 = 12 → 6 × 4 = ...
3 × 5 = 15 → 6 × 5 = ...
3 × 6 = 18 → 6 × 6 = ...
3 × 7 = 21 → 6 × 7 = ...
3 × 8 = 24 → 6 × 8 = ...
3 × 9 = 27 → 6 × 9 = ...
3 × 10 = 30 → 6 × 10 = ...

Je m'entraîne

1 **Calcule** avec la méthode d'Amélie.

a. 7 × 5 = 35
7 × 6 = ...
7 × 7 = ...
7 × 8 = ...
7 × 9 = ...

b. 9 × 5 = 45
9 × 6 = ...
9 × 7 = ...
9 × 8 = ...
9 × 9 = ...

2 **Calcule** avec la méthode de Terry.

4 × 5 = 20 → 8 × 5 = 40
4 × 6 = ... → 8 × 6 = ...
4 × 7 = ... → 8 × 7 = ...
4 × 8 = ... → 8 × 8 = ...
4 × 9 = ... → 8 × 9 = ...

3 **Reproduis** et **complète** la table de Pythagore de la multiplication.

×	5	6	7	8	9
5	....	....	....	....	....
6	....	....	....	....	....
7	....	....	....	....	....
8	....	....	....	....	....
9	....	....	....	....	....

Le coin du chercheur

Demain, ce sera le Nouvel An. Quel jour sommes-nous ?

PHOTOFICHE 52

48 Unités de longueur (2)

COMPÉTENCE : Connaître les unités de longueur (m et km) et les relations qui les lient.

Calcul mental

Tables de multiplication par 2 et par 4.

5 × 2

Je cherche

A Qu'indiquent ces panneaux ?

Recopie et **complète** : 1 km = ... m

Exprime, en mètres, la distance jusqu'au stade.

Compare les deux distances indiquées par les panneaux. Quelle est la plus grande ? **Justifie**.

B **Recopie** et **complète** selon l'exemple.

a. 1 km 300 m = 1 000 m + 300 m = 1 300 m

2 km 500 m = ...
8 km 150 m = ...
6 km 90 m = ...

b. 3 400 m = 3 000 m + 400 m = 3 km 400 m

4 500 m = ...
2 850 m = ...
1 060 m = ...

C **Écris** chaque mesure avec l'unité qui convient : m ou km.

A
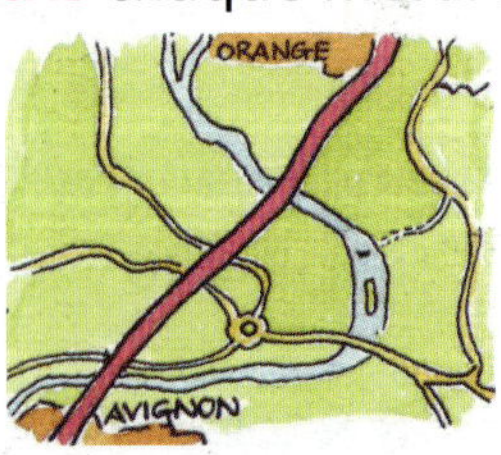

distance entre 2 villes

40 ....

B

longueur d'un stade

100 ....

C

hauteur d'un immeuble

30 ....

D

longueur d'une rivière

200 ....

E

largeur d'une autoroute

50 ....

F

longueur d'une étape cycliste

150 ....

Mémo

1 km = 1 000 m

1 km 300 m = 1 000 m + 300 m = 1 300 m

2 050 m = 2 000 m + 50 m = 2 km 50 m

Je m'entraîne

1 **Écris** en m comme dans l'exemple : 3 km 800 m = 3 000 m + 800 m = 3 800 m

a. 3 km 500 m ; 1 km 850 m ; 7 km 641 m ; 5 km 680 m

b. 3 km 70 m ; 9 km 50 m ; 6 km 105 m ; 1 km 8 m

2 **Écris** en km et m comme dans l'exemple : 3 600 m = 3 000 m + 600 m = 3 km 600 m

a. 2 400 m ; 3 950 m ; 9 570 m ; 4 302 m

b. 1 007 m ; 1 090 m ; 8 050 m ; 3 005 m

3 **Écris** chaque mesure avec l'unité qui convient : km ou m.

A 
longueur d'une salle
10 ....

B 
distance entre 2 villages
5 ....

C 
longueur d'une course
200 ....

D 
hauteur d'un arbre
15 ....

4 **Range** ces distances par ordre croissant.

a. 2 500 m ; 7 km ; 12 m ; 1 km 300 m

b. 2 km 450 m ; 3 km ; 680 m ; 2 650 m

5 Rémy habite à 1 250 m de l'école et Marie à 2 km.
Qui habite le plus loin ? Pourquoi ?

6 Ce panneau se trouve à la sortie de Bayeux. Caen et Lisieux sont sur la même route. Quelle est la distance entre ces 2 villes ?

7 **Exprime** en km et m la longueur totale d'un relais 4 fois 400 m.

8 *J'ai déjà appris*

Reproduis ce triangle.
Trace le milieu de chaque côté.
Joins ces points pour obtenir un autre triangle.

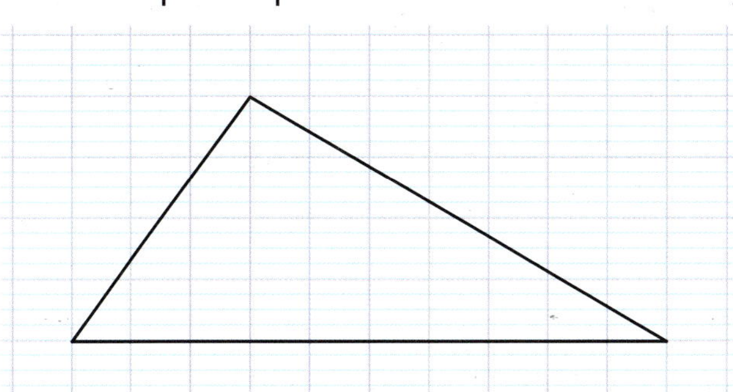

Le coin du chercheur

PHOTOFICHE 53

49 Lire l'heure (1)

COMPÉTENCE : Lire l'heure (quart et demi).

> **Calcul mental**
> **Table de multiplication par 3.**
> 6 × 3

Je cherche

A **Observe** les montres à aiguilles et les montres à affichage numérique.

Le matin, il est 8 h 15 min.
Quelle heure est-il le soir ?

Qu'indique, le matin,
la montre à affichage numérique ?
Que doit indiquer la montre du soir ?

Comment passe-t-on de l'heure du matin à l'heure du soir ?

B **Écris** de deux façons les heures du matin.

On dit :
« 8 heures et quart » pour 8 h 15 min.
« 7 heures moins le quart » pour 6 h 45 min.
« 6 heures et demie » pour 6 h 30 min.

Je m'entraîne

1 Il est **16 h 15 min** à Paris. **Écris** l'heure, au même moment, dans d'autres villes du monde.

2 **Reproduis** le tableau, puis **écris** les horaires de la bibliothèque.

	matin	soir
ouverture	....	....
fermeture	....	....

3 **Recopie** et **complète.**

9 h et quart, c'est .... h .... min.

10 h et demie, c'est .....

10 h moins le quart, c'est .....

4 *J'apprends à calculer*

Calcule selon l'exemple. 31 × 2 = 62 → 31 × 20 = 620

14 × 20 11 × 30 12 × 50 22 × 40 25 × 30

50 La multiplication posée (1)

COMPÉTENCE : Connaître la technique usuelle de la multiplication par un nombre d'un chiffre.

Calcul mental
Tables de multiplication de 2 à 5.
7 × 5

Je comprends

A Le club de handball achète 7 tenues pour ses joueurs. Combien dépense le club ?
Observe, **recopie** et **complète** les calculs de Gulèse et de Dimitri.

Gulèse

Je pose la multiplication en colonnes.

	c	d	u
		5	4
	×		7
4 × 7 →		....	....
50 × 7 →	+	....	....
54 × 7 →	....	....	....

Moi aussi, mais je calcule plus vite.
Je commence par les unités : 4 × 7 = 28
J'écris 8 unités et je retiens ② dizaines.
Je continue avec les dizaines : 5 × 7 = 35
Je n'oublie pas la retenue : 35 + ② = ...
J'écris ....

Dimitri

c	d	u	
	5	4	
×		7	②
....	....	8	

B Ce club achète 4 cages de but à 159 € l'une.
Combien dépense le club ?
Pose et **effectue** l'opération selon la méthode de Dimitri.

Je m'entraîne

1 **Effectue.**

		3	4
×			6
	....	....	....

	1	6	8
×			4
	....	....	....

Tu peux utiliser la table de multiplication située au début de ton livre.

2 **Pose** et **effectue**.
a. 49 × 5
17 × 8
b. 165 × 9
380 × 4

3 Une course féminine se déroule sur un circuit de 26 km. Les cyclistes parcourent 7 fois le circuit. Quelle est la longueur de la course ?

4 Un pâtissier prépare une commande pour 148 personnes : 3 gâteaux par personne. Combien de gâteaux doit-il préparer ?

5 *J'ai déjà appris*
Écris les heures du soir.

A

B

Le coin du chercheur

Ma moitié est égale à mon double. Qui suis-je ?

PHOTOFICHE 55

51 Les nombres de 0 à 9 999 (3)

COMPÉTENCES : Trouver le nombre de dizaines, de centaines, de milliers.
Distinguer chiffre des … et nombre de … .

Calcul mental
Tables de multiplication de 2 à 5.
6 × 4

Je cherche

A 3 542 élèves des écoles de Dieppe ont participé aux élections du conseil municipal des jeunes.

Réponds aux questions et **complète**.

- Pour faciliter le comptage, les bulletins sont assemblés en paquets de 10.
Combien de paquets de 10 bulletins a-t-on obtenus ?
Dans 3 542, il y a .... dizaines.
3 542 = ... × 10 + ...

- On regroupe les paquets de 10 dans des enveloppes de 100 bulletins.
Combien d'enveloppes de 100 bulletins a-t-on remplies ?
Dans 3 542, il y a .... centaines.
3 542 = ... × 100 + ...

- On regroupe les enveloppes de 100 dans des boîtes de 1 000 bulletins.
Combien de boîtes de 1 000 bulletins a-t-on remplies ?
Dans 3 542, il y a .... milliers.
3 542 = ... × 1 000 + ...

B Mon nombre de centaines est égal à 12.
Mon chiffre des dizaines est 3.
Mon chiffre des unités est égal à la moitié de mon nombre de centaines.
Qui suis-je ?

Je m'entraîne

1 **Recopie** et **complète**.

	Nombre de centaines	Chiffre des centaines
684	....	....
4 356	....	....
1 602	....	....

2 **Recopie** et **complète**.

	Nombre de dizaines	Chiffre des dizaines
684	....	....
4 356	....	....
1 602	....	....

3 Salima possède 1 400 €. Elle échange cette somme contre des billets de 100 €.
Combien de billets de 100 € obtient-elle ?
Recopie et **complète** : 1 400 = ... × 100

Mémo

4 627

- chiffre des milliers : 4
- chiffre des centaines : 6
- chiffre des dizaines : 2
- chiffre des unités : 7

- nombre de milliers : 4
- nombre de centaines : 46
- nombre de dizaines : 462
- nombre d'unités : 4 627

PHOTOFICHE 56

52 PROBLÈMES
Reproduire une figure

COMPÉTENCE : Reproduire une figure sur quadrillage à partir d'un modèle.

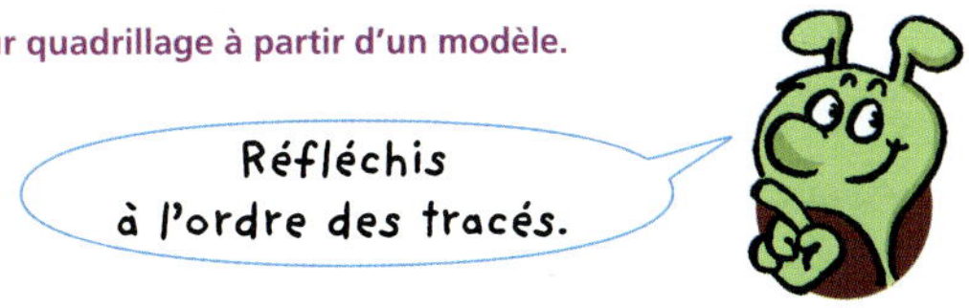

Calcul mental
Nombre de dizaines, de centaines.
Combien de dizaines dans 458 ?

1 **Reproduis** cette figure.

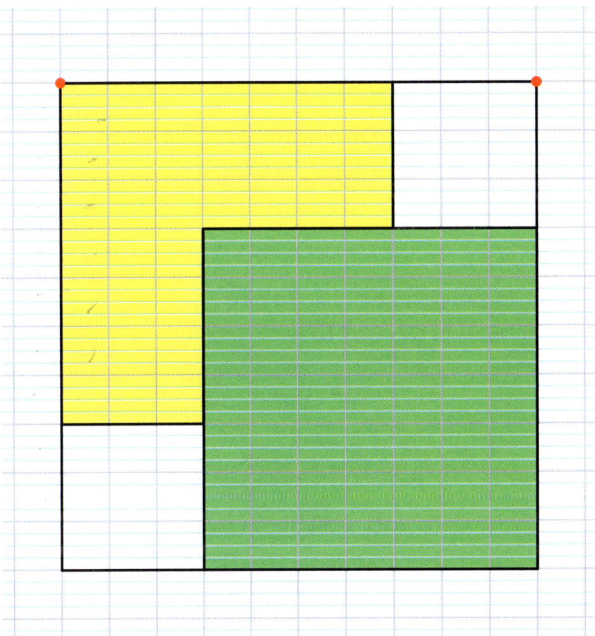

2 **Reproduis** cette figure.

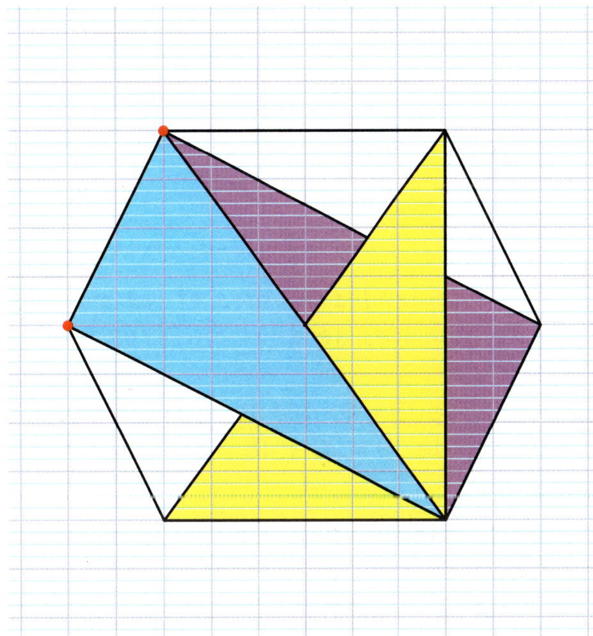

3 **Reproduis** cette figure.

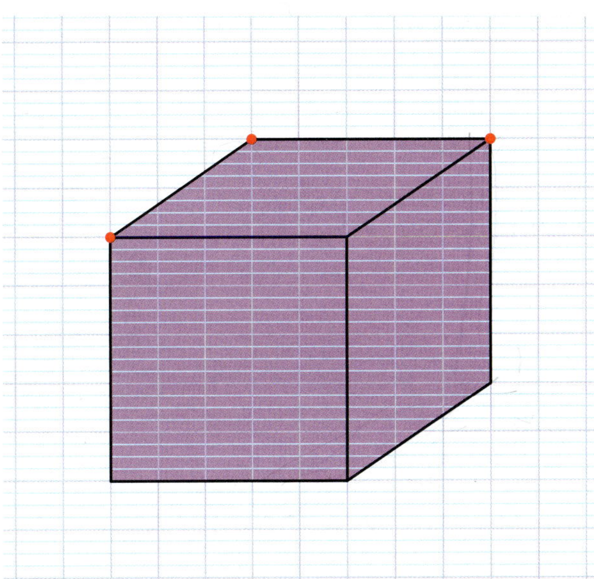

4 **Reproduis** cette figure.

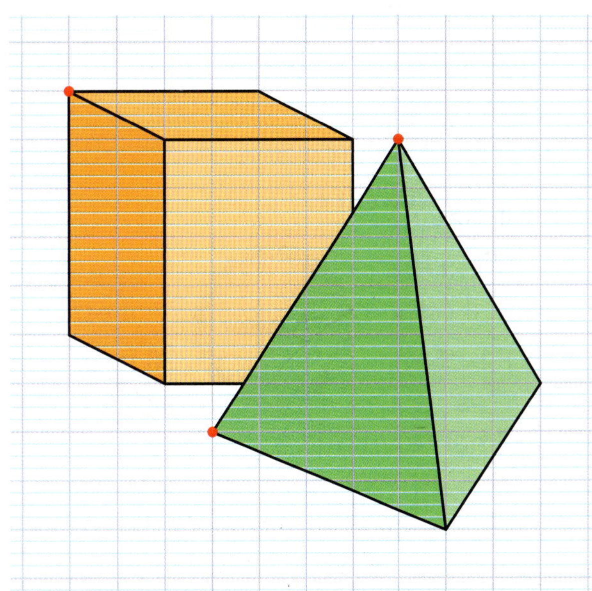

PHOTOFICHES 57, 58

53

J'ai appris à...

Et retiens !

◆ ... identifier un axe de symétrie sur une figure.

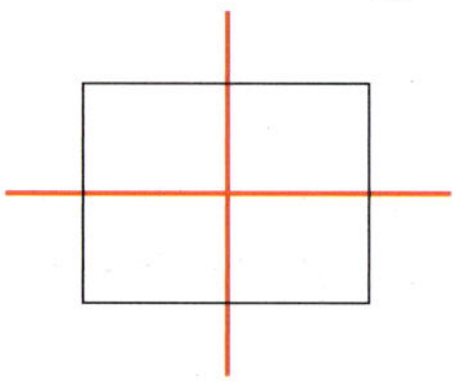

2 axes de symétrie

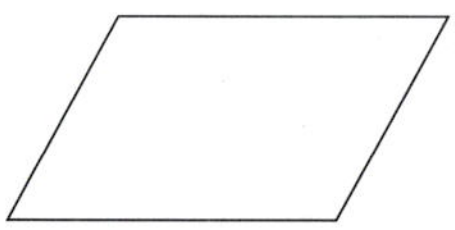

aucun axe de symétrie

◆ ... ordonner, encadrer les nombres inférieurs à 10 000.

Pour comparer des nombres de quatre chiffres, je compare d'abord les chiffres des milliers puis, si nécessaire, les chiffres des centaines, puis des dizaines et enfin des unités.

7 100 > 4 982 > 4 580 > 4 569
4 982 < 4 985 < 7 100 < 7 976

◆ ... calculer les doubles et les moitiés de nombres de deux chiffres.

double de 19 = double de 10 + double de 9
double de 19 = 20 + 18 = 38

moitié de 28 = moitié de 20 + moitié de 8
moitié de 28 = 10 + 4 = 14

Les doubles sont des nombres pairs.

◆ ... mémoriser la table de multiplication.

6 × 8 = ?

6 × 8 = 6 × 7 + 6

6 × 8 = 42 + 6 = 48

6 × 8 est le double de 3 × 8

3 × 8 = 24 → 6 × 8 = 48

◆ ... décomposer des nombres.

1 723 = 1 × 1 000 + 7 × 100 + 2 × 10 + 3

1 723 = 172 × 10 + 3
→ Nombre de dizaines : 172

1 723 = 17 × 100 + 23
→ Nombre de centaines : 17

◆ ... utiliser m et km et convertir les mesures.

1 km = 1 000 m

1 km 500 m = 1 500 m

1 km 50 m = 1 050 m

◆ ... lire l'heure.

Le matin, il est :
8 h 15 min
ou
8 heures et quart

Le soir, il est :
20 h 15 min

Pour passer de l'heure du matin à l'heure du soir, on ajoute 12 heures.

◆ ... multiplier par un nombre d'un chiffre.

Je commence par les unités :
6 × 3 = 18. J'écris 8
et je retiens ① dizaine.
Je continue avec les dizaines :
6 × 7 = 42
42 + ① = 43
J'écris 43.

		7	3
×			6 ①
=	4	3	8

54 Je fais le point (5)

socle commun

1 **Trouve** les axes de symétrie de chaque figure.

Figure 1

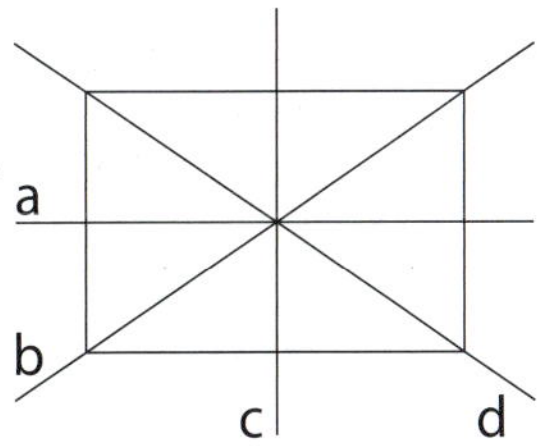

Figure 2

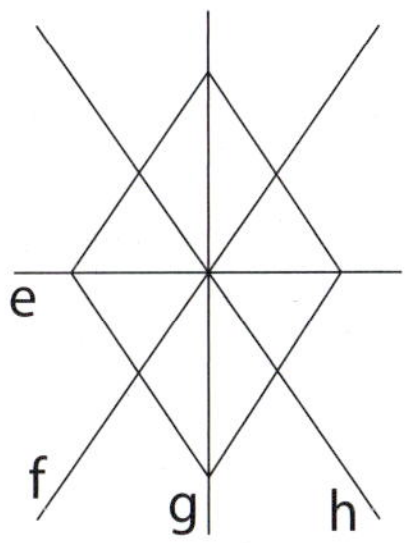

2 a. **Range** les nombres du plus grand au plus petit.

3 658 ; 9 087 ; 3 678 ; 9 085

b. Parmi ces nombres, **trouve** celui qui doit se placer sur les pointillés.

2 665 ; 2 759 ; 2 660 ; 3 661

2 658 < .... < 2 662

3 **Calcule** :

a. le double de 23.
le double de 36.

b. la moitié de 26.
la moitié de 54.

4 **Recopie** et **complète**.

9 752 = 9 × .... + 7 × .... + ... × .... + ...

.... = 3 × 1 000 + 7 × 10 + 9

5 **Recopie** et **complète** le tableau.

	Nombre de milliers	Nombre de centaines	Nombre de dizaines
5 258			
374			
3 702			

6 Pour chaque montre, **écris** l'heure du matin puis l'heure du soir.

A B C

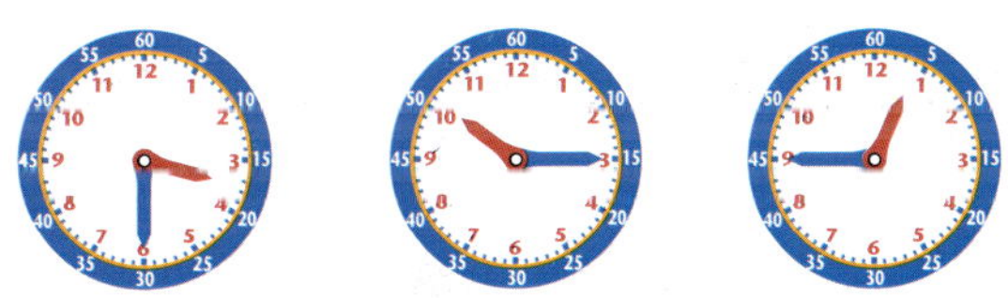

7 **Pose** et **effectue**.

a. 5 × 58 b. 6 × 134

8 a. **Recopie** et **complète**.

5 km = ... m

6 km 500 m = ... m

9 700 m = ... km .... m

7 050 m = ... km .... m

b. **Recopie** la plus grande longueur.

4 580 m 5 km

9 **Reproduis** la figure.

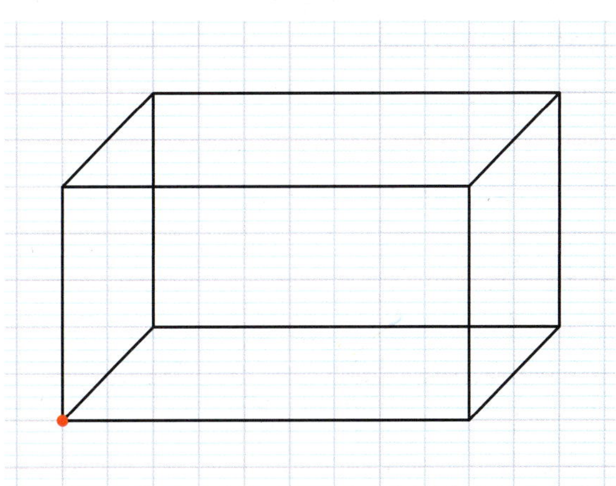

PHOTOFICHE 59

55 La multiplication posée (2)

COMPÉTENCES : Connaître la technique usuelle de la multiplication.
Multiplier par un nombre de deux chiffres

Calcul mental
Tables de multiplication par 3 et par 6.
6 × 3

Je cherche

A Dans chacun des 24 petits massifs, le jardinier plante 47 tulipes.
Combien de tulipes le jardinier plante-t-il ?

Observe, **recopie** et **termine** les calculs.

Je commence par multiplier 47 par 4 unités.
Je trouve .....
Je multiplie ensuite 47 par 2 dizaines (ou 20 unités).
Je trouve .....
Enfin, j'additionne.
Je trouve .....

			4	7	
	×		2	4	②
47 × **4** →		....	....	8	
47 × **2**0 →	+	....	4	0	
47 × 24 →	....	....	....	....	

B Le jardinier plante aussi 38 bordures de 46 marguerites.
Combien de marguerites plante-t-il ?

Pose et **effectue** le calcul.

C Le jardinier plante encore 64 massifs de 70 bégonias.
Combien de bégonias plante-t-il ?

Observe, **recopie** et **complète** le calcul.

		6	4	
×		7	0	②
....	....	8	0	

Mémo

N'oublie pas de placer le zéro quand tu multiplies par des dizaines.

			3	**4**	
	×		**2**	**6**	②
34 × **6** →		2	0	4	
34 × **2**0 →	+	6	**8**	0	
34 × 26 →		8	8	4	

Je m'entraîne

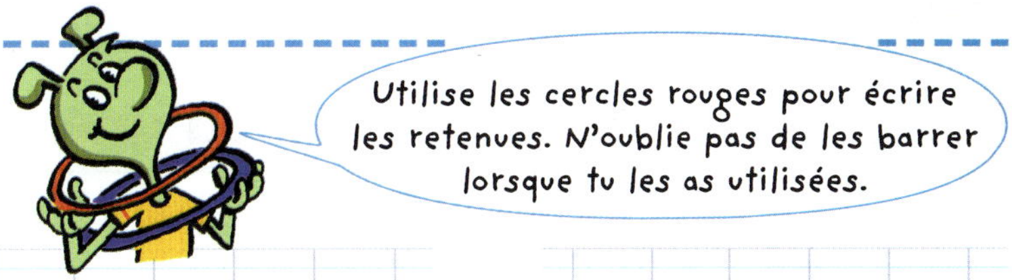

1 **Recopie** et **effectue** les multiplications.

		3	2	
×		2	8	○
	….	….	….	
+	….	….	….	
	….	….	….	

			4	9	
×			3	5	○○
		….	….	….	
+	….	….	….	….	
	….	….	….	….	

		5	2	
×		1	7	○
	….	….	….	
+	….	….	….	
	….	….	….	

2 **Pose** et **effectue** les multiplications.

a. 45 × 76
52 × 38

b. 56 × 40
60 × 24

3 **Recopie** et **complète**.

			8	….
×			….	2
		….	7	8
+	….	5	6	….
	….	….	….	….

4 Pour carreler une maison, le maçon commande 28 paquets de 24 carreaux.
Combien de carreaux commande-t-il ?

5 Luna possède un album de 48 pages. Elle range 24 timbres par page.
Combien de timbres cet album peut-il contenir ?

6 Le documentaliste commande 25 romans à 12 € pièce et 56 DVD à 23 € pièce.
Quel sera le montant de sa commande ?

7 *J'ai déjà appris*

Écris les heures du matin de deux façons différentes.

a.

b.

Le coin du chercheur

Trace cette figure sans lever le crayon et sans passer deux fois sur la même ligne.

56 Tracer le symétrique d'une figure

COMPÉTENCE : Tracer, sur papier quadrillé, la figure symétrique d'une figure par rapport à une droite donnée.

Calcul mental

Tables de multiplication par 4 et par 8.

4 × 4

Je cherche

A **Reproduis** le triangle et la droite rouge.

Plie la feuille suivant cette droite.

Avec la pointe du compas, **perce** chacun des sommets du triangle.

Déplie et **trace** le symétrique du triangle par rapport à la droite rouge.

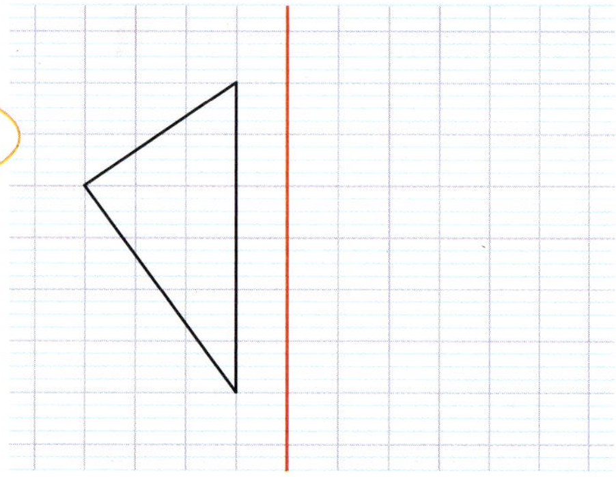

Pour chaque sommet du triangle et son symétrique :

– **observe** leur position sur le quadrillage.
Les points symétriques sont-ils sur la même ligne du quadrillage ?

– **compare** leur distance à l'axe de symétrie.
Les points symétriques sont-ils à la même distance de l'axe de symétrie ?

B Dans quel cas les quadrilatères sont-ils symétriques par rapport à la droite rouge ?

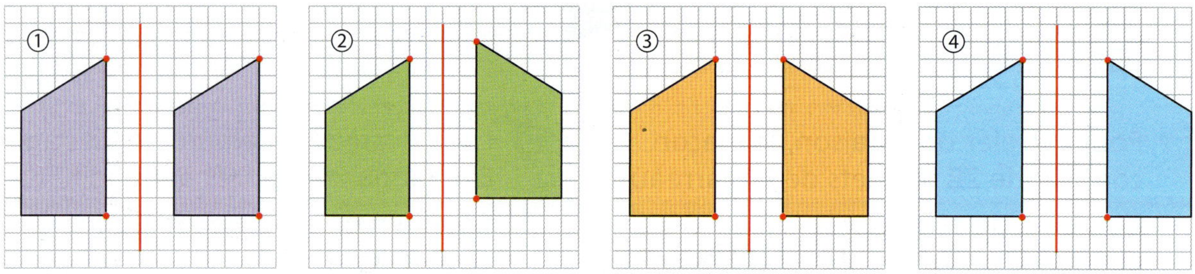

C **a. Reproduis** la figure et la droite bleue.
Trace le symétrique de la figure par rapport à cette droite.

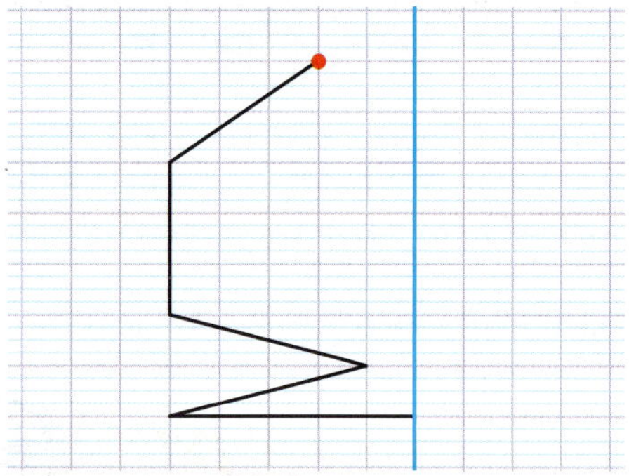

b. Reproduis la figure et la droite bleue.
Trace le symétrique de la figure par rapport à cette droite.

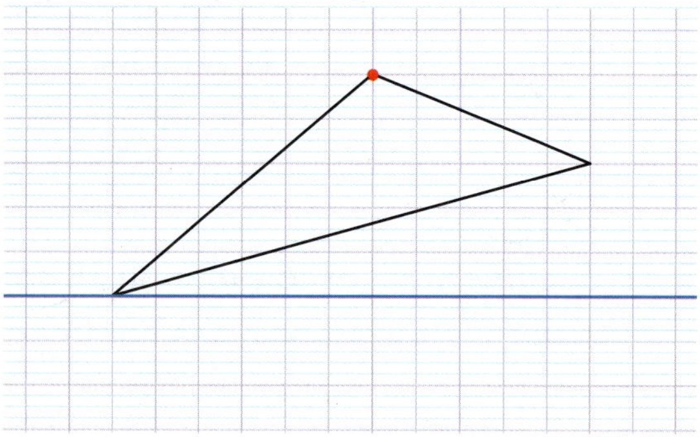

Mémo

Un point et son symétrique sont à égale distance de l'axe de symétrie.
Quand l'axe de symétrie est une droite du quadrillage, un point et son symétrique sont sur une même ligne du quadrillage.

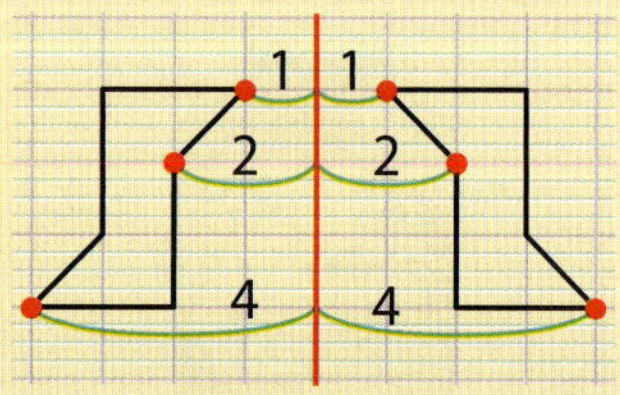

Je m'entraîne

1 **Reproduis** la figure et la droite rouge.
Construis le symétrique de la figure par rapport à la droite.

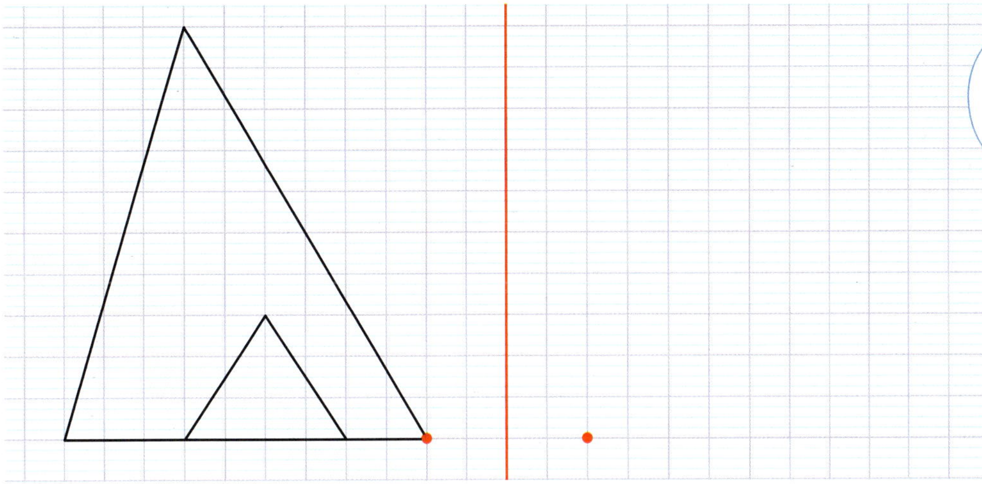

2 **Reproduis** cette maison.
Construis son symétrique par rapport à la droite bleue.

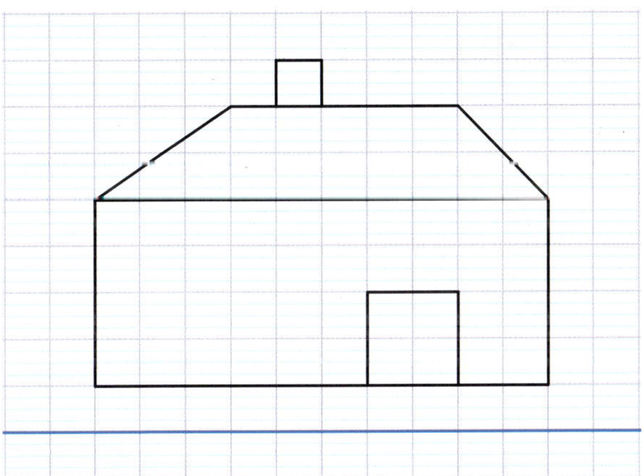

3 **Reproduis** cette figure.
Construis son symétrique par rapport à la droite rouge.

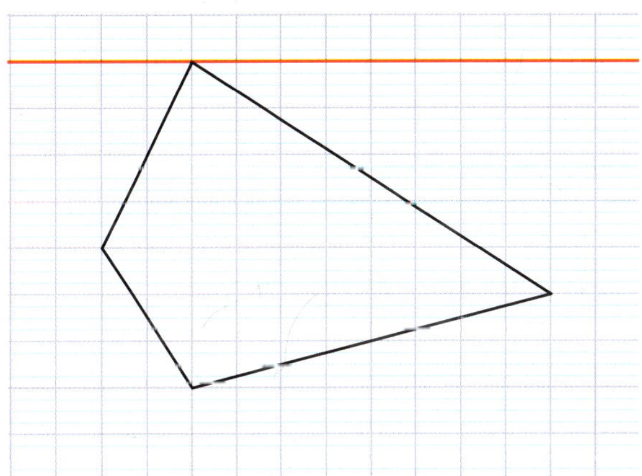

4 **Reproduis** chacune de ces figures et **trace** son symétrique par rapport à la droite verte.

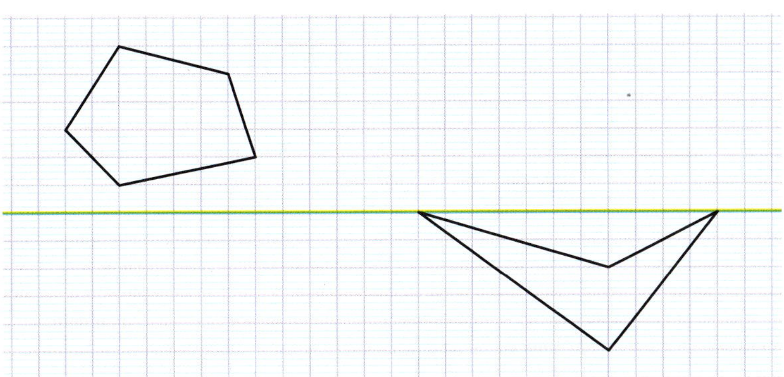

5 *J'ai déjà appris*

Complète les égalités.

100 = 2 ×	100 = 20 ×	100 = 4 × ....
1 000 = 2 ×	1 000 = 20 ×	1 000 = 4 × ....

Le coin du chercheur

Je suis un nombre impair de deux chiffres.
Mon double se termine par 0.
La somme de mes chiffres est égale à 9.

Qui suis-je ?

57 CALCUL RÉFLÉCHI Retrancher un nombre de deux chiffres (2)

COMPÉTENCE : Découvrir la propriété fondamentale de la différence : conservation des écarts par translation.

Calcul mental
Table de multiplication par 7.
5 × 7

Je cherche

A **Observe** ce que possède chaque enfant.
Calcule la différence de leur fortune.

Marine

Colin

Chacun reçoit 20 €.
Combien chacun d'eux possède-t-il maintenant ?

Calcule la différence de leur fortune.
Cette différence a-t-elle changé ?

Observe ce que possède chaque enfant.
Calcule la différence de leur fortune.

Assia

José

Chacun dépense 10 €.
Combien chacun d'eux possède-t-il maintenant ?

Calcule la différence de leur fortune.
Cette différence a-t-elle changé ?

B Pour calculer 76 – 48, Colin préfère calculer 78 – 50.

Combien a-t-il ajouté à chaque nombre ?
Pourquoi ce calcul est-il plus facile ?
Termine son calcul.
76 – 48 = ...

Pour calculer 76 – 51, Assia préfère calculer 75 – 50.

Combien a-t-elle retiré à chaque nombre ?
Pourquoi ce calcul est-il plus facile ?
Termine son calcul.
76 – 51 = ...

Je m'entraîne

1 **Recopie** et **complète**.

54 – 19 = ... – 20 = ...
46 – 28 = ... – 30 = ...
65 – 37 = ... – 40 = ...

2 **Recopie** et **complète**.

66 – 31 = ... – 30 = ...
71 – 22 = ... – 20 = ...
82 – 43 = ... – 40 = ...

3 Diego a 7 ans et son papa 35 ans.
Calcule leur différence d'âge.
Quand Diego aura 10 ans, quel sera l'âge de son papa ?

Mémo

62 – 19 = (62 + 1) – (19 + 1)
62 – 19 = 63 – 20 = 43

61 – 42 = (61 – 2) – (42 – 2)
61 – 42 = 59 – 40 = 19

58 La soustraction posée avec retenue

COMPÉTENCE : Maîtriser la technique usuelle de la soustraction posée avec retenue.

Calcul mental
Table de multiplication par 9.
5 × 9

Je cherche

A Un car transporte 62 personnes.
Au premier arrêt, 37 personnes descendent.
Combien de personnes reste-t-il dans le car ?

Observe, **recopie** et **complète** le calcul de Paul.

	6	12
–	3①	7
	....	....

2 – 7, c'est impossible.
J'ajoute 1 dizaine (ou 10 unités) à 2 unités, et ① dizaine à 3 dizaines pour garder la même différence entre les nombres, je calcule 12 – 7 = ...
puis 6 – 4 = ...
62 – 37 = ...

Vérifie ton calcul en effectuant une addition.

	3	7
+	....	....
	....	....

B Au départ de Paris, 354 personnes montent à bord du TGV qui effectue le voyage Paris – Avignon – Marseille.
À Avignon, 168 personnes descendent et aucune ne monte.
Combien de personnes descendront à Marseille ?

Pose et **effectue** l'opération qui permet de répondre.

Je m'entraîne

1 **Recopie** et **effectue**.

	9	5
–	5	8
	....	....

95 – 58 = ...

	4	2	3
–	1	8	3
	....	....	....

423 – 183 = ...

2 **Pose** et **effectue**.

a. 683 – 75   3 792 – 2 364
b. 925 – 167   806 – 437

3 Un chauffeur routier doit parcourir 462 km dans la journée.
À midi, il a déjà parcouru 268 km.
Combien de kilomètres lui reste-t-il à parcourir ?

4 **Calcule** la différence d'altitude entre ces deux sommets.

Mont Ventoux 1 912 m

Mont Blanc 4 810 m

5 *J'apprends à calculer*

Lis l'énoncé du problème et **recopie** la réponse qui convient.
Inès a acheté une jupe à 30 € 50, un T-shirt à 11 € 90 et des sandales à 39 €.
Combien a-t-elle environ dépensé ?

40 €   60 €   80 €   100 €

Le coin du chercheur

Quelle heure est-il ?

59 Ajouter ou retrancher des longueurs

PHOTOFICHES 62, 63, 64, 65

COMPÉTENCE : Résoudre des problèmes sur la mesure des longueurs.

Calcul mental
Multiplier des dizaines par un nombre de 1 chiffre.
70 × 4

Je cherche

Pour aller jusqu'au morceau de sucre, Julie la fourmi peut prendre le chemin vert ou le chemin rouge.

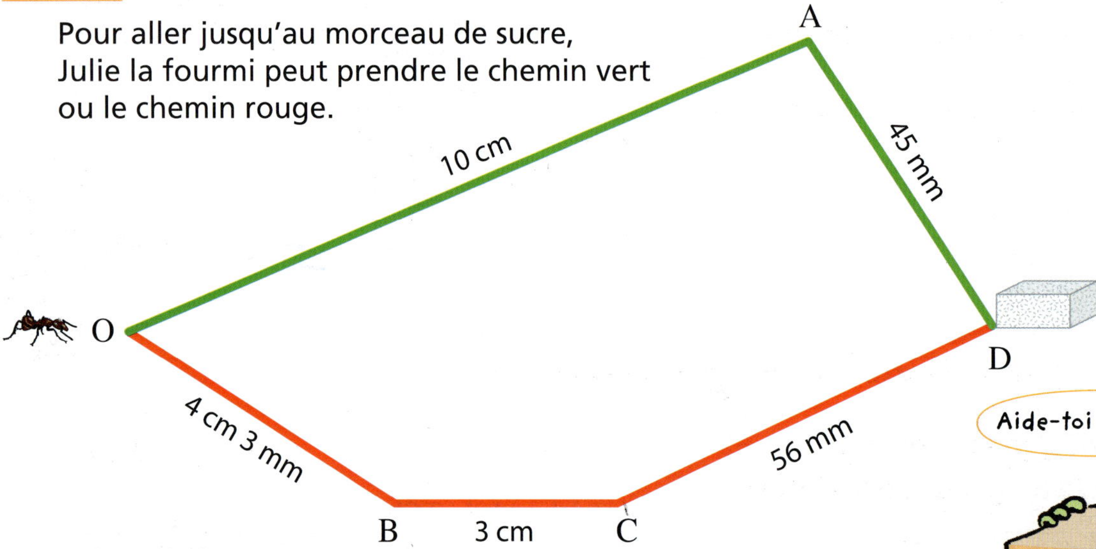

Calcule la longueur :
- du chemin **vert** ;
- du chemin **rouge**.

Quel est le chemin le plus long ?

Calcule la différence de longueur entre ces deux chemins.
Recopie et **complète**.
La différence de longueur entre ces deux chemins est .... cm .... mm.

Je m'entraîne

1 **Calcule** et **exprime** les résultats en cm et mm.

a. 8 cm + 5 cm 6 mm
4 cm 8 mm + 2 cm 3 mm

b. 3 cm 2 mm + 18 mm
6 mm + 17 cm + 5 cm 4 mm

2 Anaïs mesure 1 m 47 cm.
De combien doit-elle encore grandir pour être aussi grande que son frère qui mesure 172 cm ?

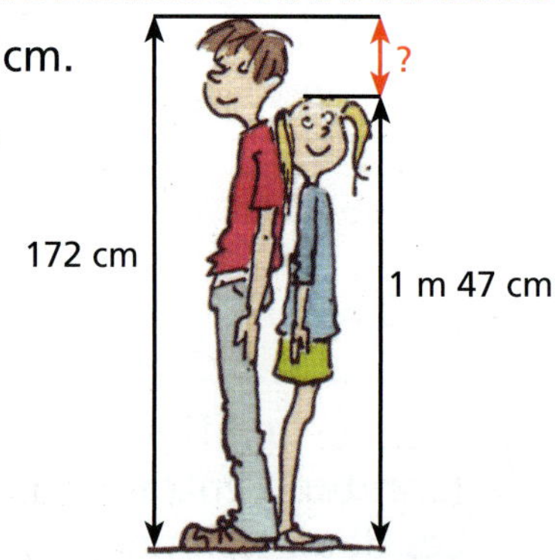

3 Enzo a parcouru 2 km 300 m pour se rendre à la cascade, puis encore 1 km 850 m pour parvenir à la source.
Quelle distance a-t-il parcourue ?

Mémo

Pour ajouter ou retrancher des longueurs, il faut les exprimer avec la même unité.

2 cm + 25 mm + 1 cm 4 mm = 20 mm + 25 mm + 14 mm = 59 mm

2 km + 250 m + 1 km 350 m = 2 000 m + 250 m + 1 350 m = 3 600 m

PHOTOFICHE 66

60 Périmètre d'un polygone

Calcul mental
Multiplier des centaines par un nombre de 1 chiffre.
700 × 4

COMPÉTENCE : Calculer le périmètre d'un polygone en ajoutant les longueurs des côtés.

Je cherche

A Yasmine veut entourer son dessin d'un fil de laine.
Un de ces trois fils a la bonne longueur.
Lequel ?

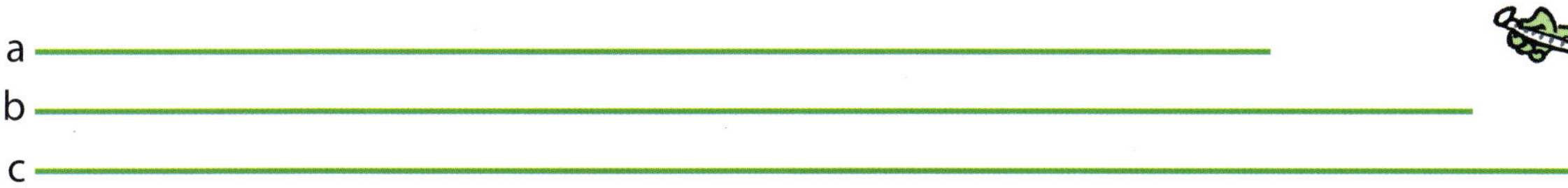

Quel est le périmètre de son dessin rectangulaire ?

B Pedro clôture son champ.
Calcule la longueur de la clôture.
Recopie et **complète**.
Le périmètre du champ mesure .... km .... m.

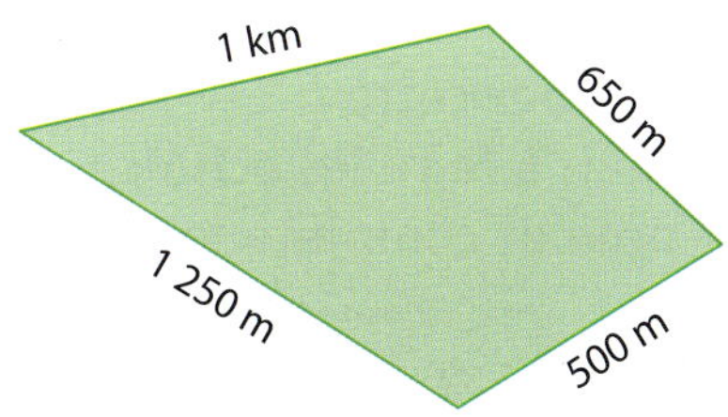

Je m'entraîne

1 **Construis** un segment de même longueur que le périmètre de ce triangle.
Quel est le périmètre de ce triangle ?

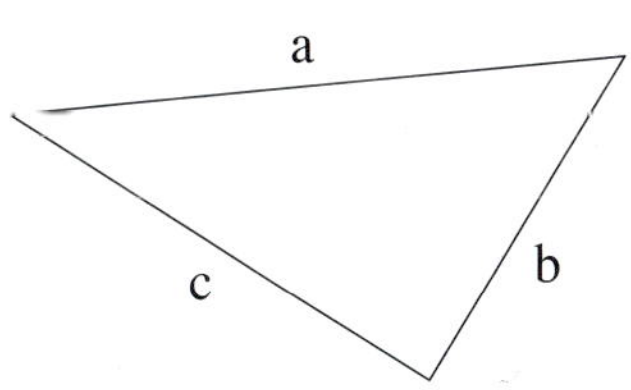

2 Mélissa veut encadrer ce poster avec des baguettes de bois. Pour acheter les baguettes, il faut qu'elle connaisse le périmètre du poster.
Calcule ce périmètre.

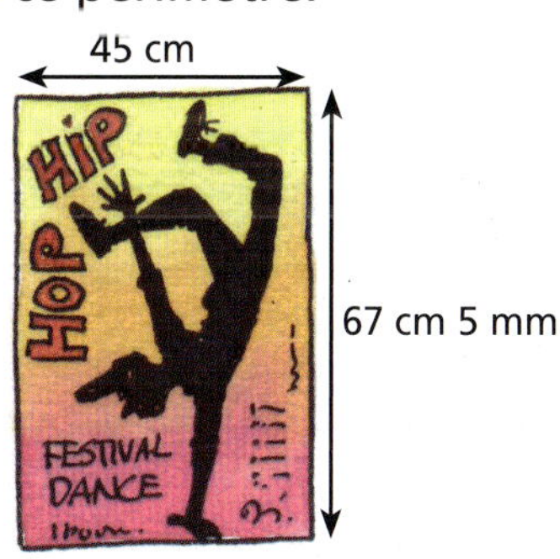

3 Le grand pré communal est un carré de 320 m de côté.
Calcule son périmètre.
Recopie et **complète**.
Le périmètre du pré mesure .... km .... m.

4 **Trace** sur ton cahier un carré de 8 carreaux de côté.
Mesure son périmètre.

5 Un carré a un périmètre de 16 cm.
Quelle est la longueur d'un de ses côtés ?
Trace un rectangle de même périmètre.

Le coin du chercheur

Le berger avait 20 moutons.
Le loup les a tous mangés sauf 5.
Combien de moutons reste-t-il ?

PHOTOFICHE 67

61 PROBLÈMES
Organiser les données

COMPÉTENCE : Savoir organiser les données dans un tableau.

Calcul mental

Ajouter 25 et 50 à un multiple de 25.

150 + 50

1 C'est la rentrée scolaire. Les enfants annoncent à leur maman leur liste de matériel à acheter.

Pour aider cette maman à faire les achats, **recopie** et **complète** le tableau.

	cahiers	crayons	feutres	gommes
Marion	6		4	
Ahmed				
Leila				
Coline				
Total				

Recopie et **complète**.

Maman doit acheter .... cahiers, ... crayons, ... feutres, ... gommes.

2 Voici les dates de naissance des enfants d'une classe de CE2.

Emma	3 avril	Lucas	23 décembre	Léa	12 février	Théo	9 mars
Manon	13 octobre	Hugo	23 janvier	Eva	5 juillet	Tom	2 mai
Chloé	7 janvier	Enzo	10 septembre	Karim	22 mai	Inès	3 avril
Océane	3 août	Alex	30 juin	Mathias	6 octobre	Marie	11 juin
Samia	14 juillet	Clara	27 octobre	Awa	3 février	Sarah	12 mai

Pour savoir quels anniversaires sont fêtés chaque mois, recopie et complète ce tableau.

	Manon			Chloé			Emma			Samia	Océane
SEP	**OCT**	**NOV**	**DÉC**	**JAN**	**FÉV**	**MAR**	**AVR**	**MAI**	**JUIN**	**JUIL**	**AOÛT**

a. Quels mois les enfants fêteront-ils le plus d'anniversaires ?

b. Quel est le mois de l'année où aucun anniversaire ne sera fêté ?

3 Paul, Noémie et José sont allés cueillir des fruits chez leur tante.
Paul a cueilli 24 pommes, 14 poires et 12 pêches.
Noémie a cueilli 22 poires, 15 pommes et des pêches.
José n'a cueilli que 15 pêches et 23 poires.
Ils ont cueilli 37 pêches en tout.

Pour t'aider à répondre aux questions ci-dessous, **recopie** et **complète** le tableau.

a. Combien de fruits Paul a-t-il ramassés ?

b. En tout, combien de pommes les enfants ont-ils ramassées ? combien de poires ?

c. En tout, combien de fruits ont-ils ramassés ?

d. Combien de pêches Noémie a-t-elle ramassées ?

	Paul	Noémie	José	Total
	24			
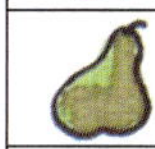	14			
				37
Total				

4 L'oncle Arthur invite ses nièces au restaurant.

Pour aider le serveur à prendre la commande, **recopie** et **complète** le tableau.

	salade	avocat	pizza	frites	poulet
Arthur		X			X
Marine					
Éloïse					
Martha					
Total					

Aide-toi du tableau pour répondre aux questions ci-dessous.

a. Quel est le prix total des salades ? des frites ? des avocats ? des poulets ?

b. Combien oncle Arthur va-t-il payer en tout ?

62 Mobilise tes connaissances ! (3)

COMPÉTENCES : Mobiliser ses connaissances et ses savoir-faire pour interpréter des documents et résoudre des problèmes complexes.

Le plus grand palais de France

Le château de Versailles

Le **château de Versailles** fut la résidence des rois de France de 1682 à 1789. Aujourd'hui, le château de Versailles compte 700 pièces, 2 513 fenêtres, 352 cheminées (c'est 900 cheminées de moins qu'à l'époque des rois).

La **galerie des Glaces** est une galerie destinée à éblouir les visiteurs. Longue de 73 m et large de 11 m environ, elle est revêtue de 357 miroirs. Conçue par l'architecte Jules Hardouin-Mansart, elle fut construite entre 1678 et 1684.

Louis XIV est le roi qui a donné à Versailles toute sa splendeur. Il est le premier enfant d'Anne d'Autriche et du roi Louis XIII. À sa mort, son arrière-petit-fils lui succède. C'est le début du règne de Louis XV.

1. Pendant combien d'années les rois ont-ils vécu à Versailles ?

2. Combien de cheminées existaient à l'époque des rois ?

3. Combien de temps a duré la construction de la galerie des Glaces ?

4. Quel est son périmètre ?

5. Trouve la durée du règne de chacun des rois qui ont vécu au château de Versailles.

Roi	Couronnement	Décès
Louis XIV	1643	1715
Louis XV	1715	1774

Les jardins du château de Versailles sont l'œuvre du maître jardinier André Le Nôtre. Ils sont le modèle universel du jardin à la française. Le potager du roi servait à nourrir les personnes de la cour.

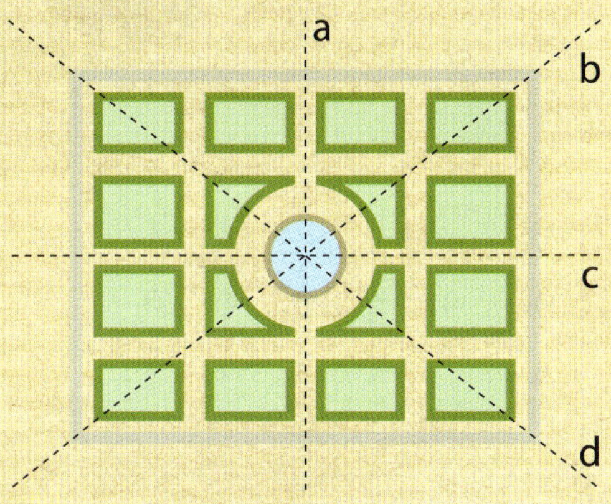

6. Quels sont les axes de symétrie du dessin du potager du roi ?

7. Une famille de 2 adultes et 3 enfants visite le château. Combien va-t-elle payer ?

8. Un groupe de 15 touristes adultes visite le château et les jardins. Combien ce groupe va-t-il payer ?

TARIFS	
Château de Versailles	
Adulte	26 €
6-17 ans	13 €
Château de Versailles et jardins	
Adulte	34 €
6-17 ans	18 €

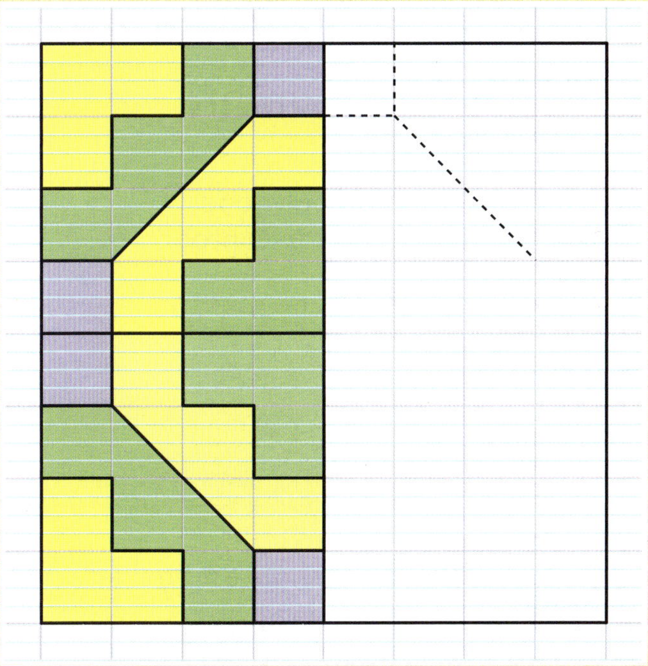

D'énormes quantités de terre sont nécessaires pour aménager les jardins, là où n'existaient que des bois, des prairies et des marécages. Les arbres sont acheminés de toutes les provinces de France ; des milliers d'hommes participent à cette vaste entreprise.

9. Reproduis ce parterre de fleurs et complète-le en utilisant la symétrie.

63

J'ai appris à...

Et retiens !

♦ ... effectuer une multiplication.

Je commence par multiplier 53 par 7 unités.
Je trouve 371

Je multiplie ensuite 53 par 2 dizaines.
Je trouve 1 060

Enfin j'additionne : 371 + 1 060 = 1 431

				5	3	
	×			2	7	②
53 × 7 →			3	7	1	
53 × 20 →	+	1	0	6	0	
53 × 27 →		1	4	3	1	

♦ ... tracer le symétrique d'une figure.

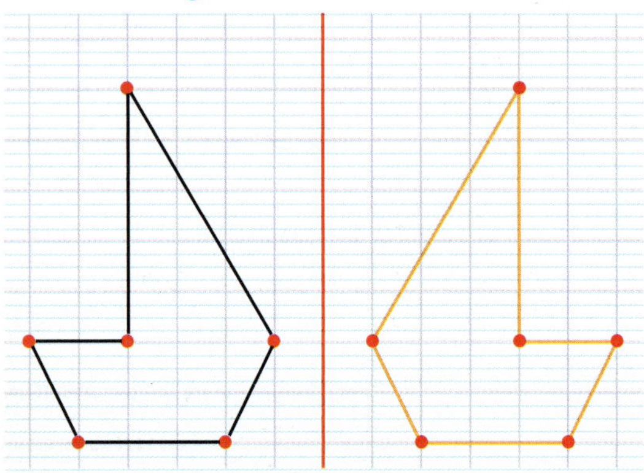

Les deux figures sont symétriques par rapport à la droite rouge.

Un point et son symétrique sont à égale distance de l'axe de symétrie.

♦ ... calculer une soustraction posée avec retenue.

5 – 7, c'est impossible.
J'ajoute 1 dizaine (10 unités) à 5.

J'ajoute ① dizaine à 3 pour garder la même différence entre les nombres, ce qui fait 3 + ① = 4

	7	15
–	3①	7
	3	8

Je calcule :
15 – 7 = 8
7 – 4 = 3

75 – 37 = 38

♦ ... ajouter ou retrancher des longueurs.

8 cm + 5 cm 6 mm = ?

8 cm = 80 mm
5 cm 6 mm = 50 mm + 6 mm = 56 mm

8 cm + 5 cm 6 mm = 80 mm + 56 mm
8 cm + 5 cm 6 mm = 136 mm
8 cm + 5 cm 6 mm = 13 cm 6 mm

Pour comparer, ajouter ou retrancher des longueurs, je dois les exprimer avec la même unité.

♦ ... calculer le périmètre d'un polygone.

Le périmètre d'un polygone est la longueur de son contour.

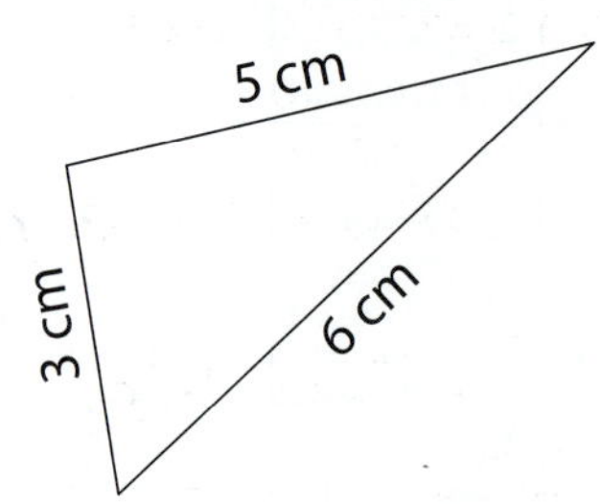

Le périmètre du triangle est égal à :
3 cm + 5 cm + 6 cm = 14 cm

64

Je fais le point (6)

socle commun

❶ **Recopie** et **effectue** cette soustraction, puis **vérifie** en effectuant une addition.

	8	1
–	4	7
	....	....

	4	7
+	....	....
	8	1

81 – 47 = ...

❷ Recopie et **effectue**.

		7	2
×		6	4
	....	....	....
....	....	....	....
....	....	....	....

	1	2	3
×		1	7
	....	....	....
....	....	....	....
....	....	....	....

72 × 64 = ...

123 × 17 = ...

❸ **Pose** et **effectue**.

a. 91 – 53

b. 132 – 85

❹ **Pose** et **effectue**.

a. 26 × 35

b. 248 × 40

❺ a. **Reproduis** la figure.
Trace son symétrique par rapport à la droite rouge.

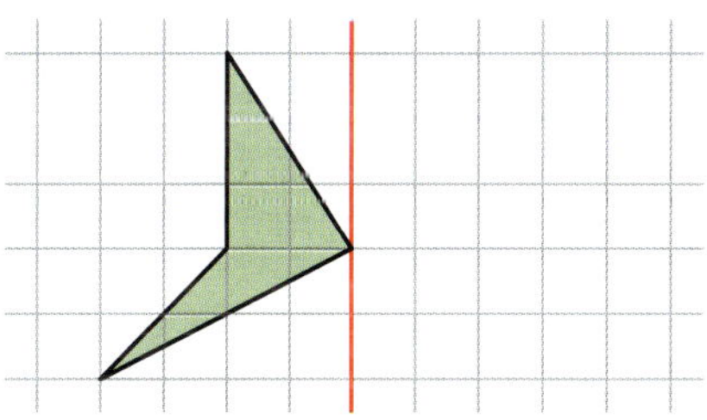

b. **Reproduis** la figure.
Trace son symétrique par rapport à la droite rouge.

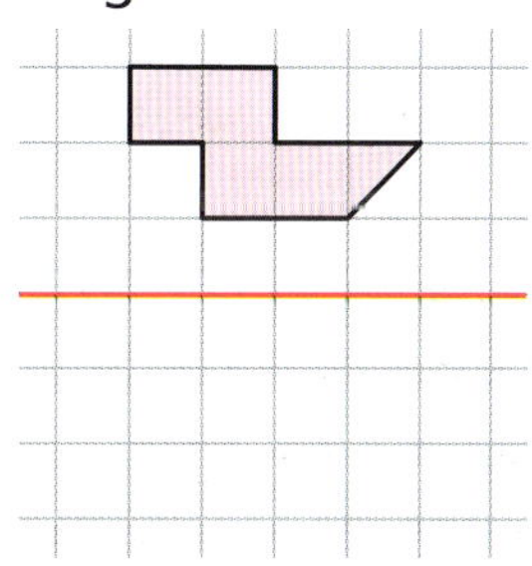

❻ **Calcule** et **exprime** le résultat en cm et mm.

a. 6 cm 8 mm + 4 cm 5 mm

b. 8 cm 5 mm + 26 mm

❼ Pendant les vacances, Lucas parcourt, à vélo, 7 km 500 m le premier jour, 4 000 m le deuxième jour et 16 km 800 m le troisième jour.
Calcule la distance totale parcourue.

❽ a. **Calcule** le périmètre de ce triangle.

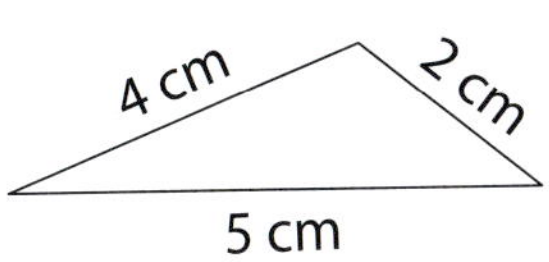

b. **Calcule** le périmètre de ce bassin carré.

65 Des problèmes pour découvrir le monde (3)

COMPÉTENCE : Appliquer ses connaissances au monde qui nous entoure.

1 Une France géométrique

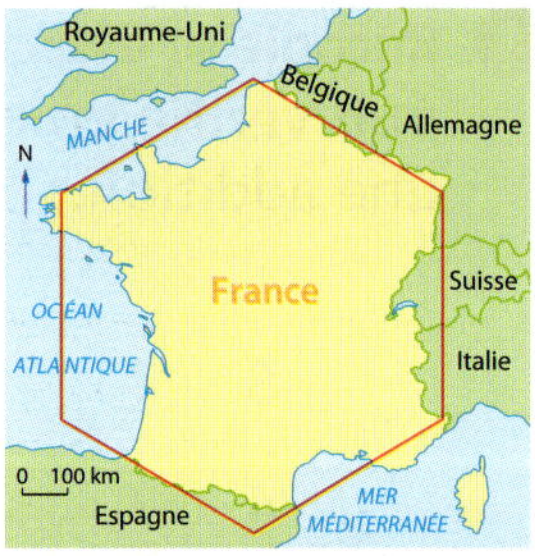

On appelle parfois la France continentale « l'Hexagone » parce que la forme de ses contours rappelle un peu celle d'un hexagone. Chacun des six côtés de cet hexagone régulier mesure 580 km. Quel est le périmètre de cet hexagone ?

2 Ils font partie du patrimoine

Voici les dates de naissance et de mort de quelques grands écrivains français.

Jean de La Fontaine 1621 – 1695	Jules Verne 1828 – 1905	Victor Hugo 1802 – 1885	Jacques Prévert 1900 – 1977	Alexandre Dumas 1802 – 1870	Paul Verlaine 1844 – 1896	Voltaire 1694 – 1778

a. Lesquels sont nés entre 1800 et 1899 ? Lesquels sont nés avant 1800 ? Lesquels sont morts après 1900 ?

b. Combien d'années ont vécu Victor Hugo, Paul Verlaine et Jules Verne ?

c. La Fontaine aurait-il pu rencontrer Voltaire ?

3 À chacun son vélo

La hauteur H du cadre d'un vélo est la distance entre le pédalier et la barre horizontale du cadre. Elle est donnée en pouces* dans le tableau, selon la taille du cycliste.

Taille de l'enfant	Hauteur H du cadre
152 à 162 cm	14 pouces
163 à 168 cm	16 pouces
168 à 174 cm	18 pouces

* 1 pouce = 25 mm

a. Teddy mesure 1 m 60 cm. Quel cadre va-t-il choisir ?

b. Écris la hauteur du cadre de Teddy en pouces, puis en cm et mm.

4 Décalage horaire

Au même moment, voici les heures qu'indiquent les pendules à New York, Paris et Moscou :

NEW YORK	**1 h 15**
PARIS	**7 h 15**
MOSCOU	**9 h 15**

Quel est le décalage horaire entre Paris et Moscou ? Moscou et New York ?

5 Toujours plus loin !

D'un bond, une grenouille de 6 cm peut sauter 33 fois sa taille ;
une sauterelle de 3 cm, 40 fois sa taille ;
un kangourou de 160 cm, 8 fois sa taille ;
une puce de 2 mm, 150 fois sa taille.

Quelle longueur peut sauter chacun de ces animaux ?

Donne la réponse en cm, puis en m et cm.

Période 4

rouve Mathéo la mascotte. Cherche dans le dessin des détails illustrant les notions
diées dans la période.

	Leçons
onnaître, écrire et nommer les nombres ntiers jusqu'au million.	66, 67, 69
re l'heure.	68
onnaître les unités de mesure du temps.	72, 80
ituations relevant de la multiplication, e la division.	70, 71, 78, 79, 82

	Leçons
• Construire un carré ou un rectangle.	73
• Mesurer une masse.	76
• Reconnaître, décrire, nommer, reproduire un triangle rectangle, un losange.	77
• Reconnaître un cube, un pavé droit.	81
• Résoudre des problèmes.	83, 84, 87

PHOTOFICHES 70, 71

66 Les grands nombres (1)

Compétences : Lire, écrire, décomposer des nombres de 6 chiffres.
Réinvestir les principes de la numération décimale.

Calcul mental
Somme de trois petits nombres.
2 + 4 + 5

Je cherche

A Agathe, Louis, Leila, Oscar et Sandrine jouent au Mégapolis avec des cartes de 100 000, 10 000, 1 000, 100 et 10 points.

- **Agathe** a tiré 10 cartes de 1 000 points.
Quel est son score ?
Recopie et **complète**.
10 × 1 000 = ...

- **Louis** a tiré 10 cartes de 10 000 points.
Quel est son score ?
Recopie et **complète**.
10 × 10 000 = ...

- **Leila** a tiré 3 cartes de 100 000 points et 7 cartes de 10 000 points.
Quel est son score ?
Recopie et **complète**.
3 × 100 000 + 7 × 10 000 = ...

- **Oscar** a obtenu 21 030 points en tirant 6 cartes.
Écris ce nombre en lettres.
Recopie et **complète** en t'aidant du tableau.
21 030 = 20 000 + 1 000 + ...
21 030 = 2 × .... + 1 × .... + ...
Oscar possède .... cartes de 10 000 points,
.... carte de 1 000 points et .... cartes de 10 points.

Classe des milliers			Classe des unités		
centaine de mille	dizaine de mille	unité de mille	centaine	dizaine	unité
....	....	....	....	....	....

- **Sandrine** a obtenu deux cent trente mille cinq cents points en tirant 10 cartes.
Écris ce nombre en chiffres.
Recopie et **complète**.
Sandrine possède .... cartes de 100 000 points,
.... cartes de 10 000 points et .... cartes de 100 points.

B Parmi ces scores : 56 480 ; 157 600 ; 205 700 ; 176 000, quels sont ceux qui ont le même chiffre des milliers ? le même chiffre des dizaines de milliers ?

C **Recopie** et **complète** les suites de nombres.
52 996 ; 52 997 ; 52 998 ; .... 53 004.
199 996 ; 199 997 ; 199 998 ; .... 200 004.

Mémo

428 375 = 4 × 100 000 + 2 × 10 000 + 8 × 1 000 + 3 × 100 + 7 × 10 + 5

quatre cent vingt-huit mille trois cent soixante-quinze

Je m'entraîne

1 **Écris** ces nombres correctement selon l'exemple.

36856 → 36 856

2 **Écris** en chiffres les nombres suivants.

vingt-quatre mille cinq cent soixante

trois cent soixante-cinq mille

cinquante mille six cent un

six cent dix mille soixante

3 **Écris** en lettres.

a. 63 540 ; 345 800 ; 48 020

b. 10 687 ; 400 374 ; 35 081

4 **Décompose** selon l'exemple.

320 400 = 300 000 + 20 000 + 400

320 400 = 3 × 100 000 + 2 × 10 000 + 4 × 100

a. 69 728 ; 39 050 ; 70 082

b. 394 072 ; 809 120 ; 420 060

5 **Recopie** et **complète** les suites de nombres.

a. 9 996 ; 9 997 ; 9 998 ; .... 10 004.

b. 99 996 ; 99 997 ; 99 998 ; .... 100 004.

6 **Recopie** ces nombres.
Entoure en **rouge** le chiffre des milliers et en **bleu** celui des dizaines de milliers.

34 699 ; 125 600 ; 87 900 ; 500 600 ; 460 234

7 Avec ces étiquettes, **écris** les 6 nombres qui ont à la fois :
- **4** pour chiffre des dizaines ;
- **2** pour chiffre des dizaines de milliers ;
- **3** pour chiffre des centaines.

7 2 4 5 8 3

8 Le compteur de l'automobile de Pedro affiche 99 900 km.
Quelle distance Pedro doit-il encore parcourir pour que le compteur affiche 100 000 km ?

9 *J'apprends à calculer*

Calcule selon l'exemple.

15 × 2 = 15 + 15 = 30

25 × 2	16 × 2	142 × 2
45 × 2	38 × 2	231 × 2

Le coin du chercheur

Une brique plus une demi-brique pèsent 3 kg.
Combien pèse une brique ?

67 Les grands nombres (2)

COMPÉTENCES : Comparer, ordonner, intercaler des nombres de 6 chiffres.

Calcul mental

Somme de dizaines entières.
20 + 40 + 50

Je cherche

Voici les populations de six départements français (recensement 2006).

A **Reproduis** le tableau de numération.
Lis ces nombres d'habitants, puis **écris**-les dans le tableau selon l'exemple.

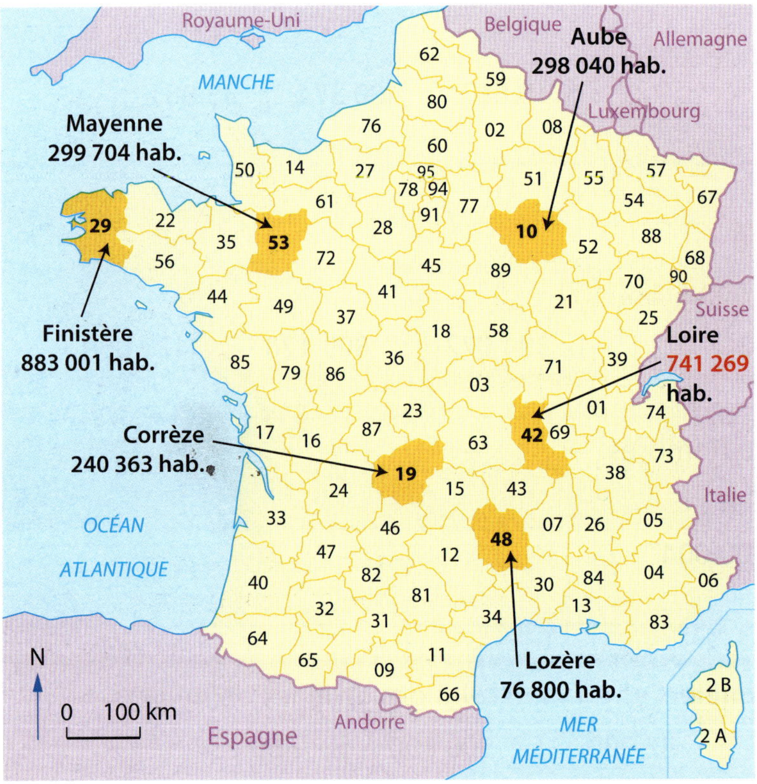

Classe des milliers			Classe des unités		
c	d	u	c	d	u
7	4	1	2	6	9

B Quel est le moins peuplé de ces départements ?
Compare le nombre d'habitants de la Loire à celui de l'Aube.
Compare le nombre d'habitants de la Corrèze à celui de l'Aube.

C **Range** les populations de ces six départements par ordre croissant.

D Le département de la Vendée est peuplé de 598 915 habitants.
Recopie et **complète**.
Dans la liste de ces six départements, la Vendée se place entre .... et .....

Mémo

Le plus grand des deux nombres est celui qui a le plus de chiffres.

505 699 > 60 570

S'ils ont le même nombre de chiffres, on compare leurs chiffres en commençant par la gauche.

500 010 > 499 999 — 63 412 < 67 123

Je m'entraîne

1 **Recopie** et **complète** avec le signe < ou >.

9 000 .... 11 600	86 545 .... 86 265	45 300 .... 45 350
20 600 .... 8 548	65 321 .... 65 087	76 680 .... 76 610

2 **Recopie** et **complète** avec le signe < ou >.

187 600 .... 29 999	786 545 .... 776 545	175 000 .... 175 750
68 548 .... 268 571	685 321 .... 695 087	786 600 .... 786 559

3 **Range** ces nombres par ordre croissant.

a. 60 200 ; 87 103 ; 50 000 ; 42 000

b. 53 400 ; 52 800 ; 53 280 ; 51 999

4 a. Voici les diamètres, en km, de quelques planètes.
Mars : 6 800 ; Saturne : 120 500 ; Neptune : 47 800 ;
Jupiter : 142 800 ; Terre : 12 756.

Range ces planètes de la plus grande à la plus petite.

b. Uranus a un diamètre de 47 600 km.
Entre quelles planètes de la liste précédente places-tu Uranus ?

5 **Recopie** et **complète** les nombres avec un chiffre qui convient.

532 620 < 53.... 620	112 205 > 112 00
2....3 600 < 211 000	801 432 > 80.... 506

6 **Recopie** et **écris** le nombre qui précède et celui qui suit.

.... < 69 999 <	.... < 99 999 < ....
.... < 199 999 <	.... < 209 999 < ....

7 **Range** ces stades du plus petit au plus grand.

Nom du stade	Pays	Ville	Nombre de places
Stade Aztèque	Mexique	Mexico	106 000
Nou Camp	Espagne	Barcelone	98 900
Beaver Stadium	États-Unis	Chicago	107 282
Maracana	Brésil	Rio	103 022
Stade Olympique	Russie	Moscou	78 380
Michigan Stadium	États-Unis	Ann Arbor	107 501

8 *J'ai déjà appris*

Chaque côté d'un hexagone mesure 4 cm 5 mm.

Calcule le périmètre de cet hexagone.

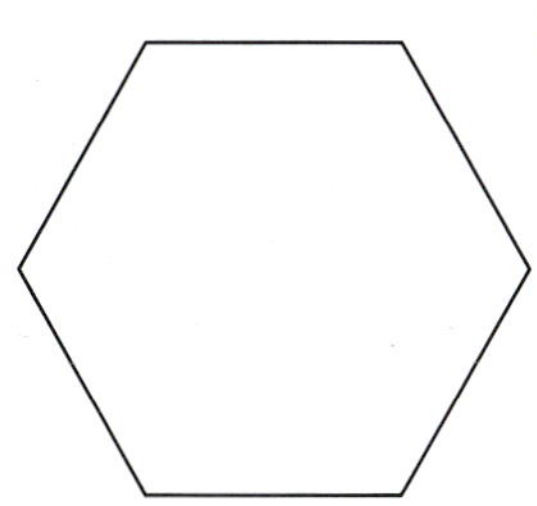

Le coin du chercheur

Je pense à deux nombres. Lorsque je les additionne, je trouve 13. Lorsque je les soustrais, je trouve 3. Quels sont ces deux nombres ?

PHOTOFICHES 73, 74

68 Lire l'heure (2)

COMPÉTENCE : Lire les heures et les minutes.

Calcul mental

Tables de multiplication par 3, 6 et 7.

7 × 4

Je cherche

Grand-père a une collection de vieilles montres.
Voici les heures qu'elles indiquent lorsqu'il est exactement 9 h.

A

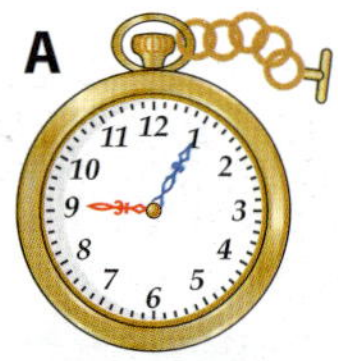

B

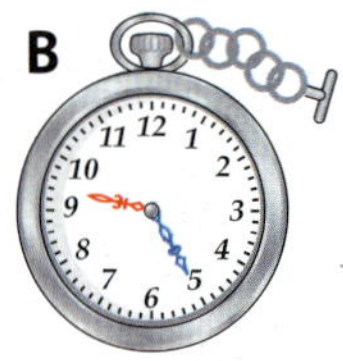

C

D

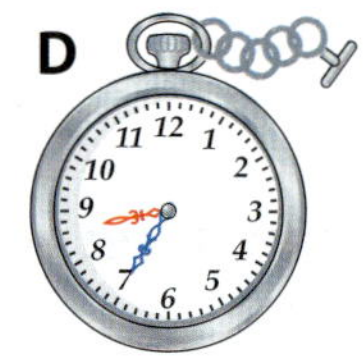

- L'heure indiquée par les montres **A** et **B** dépasse 9 heures.
De combien de minutes les montres **A** et **B** avancent-elles ?
Écris les heures indiquées par ces deux montres.

- Sur les montres **C** et **D**, il n'est pas encore 9 heures.
De combien de minutes les montres **C** et **D** retardent-elles ?
Recopie et **complète** : Montre **C** : 8 h .... min ou 9 heures moins ....
Montre **D** : .... h .... min ou .... heures moins ....

Je m'entraîne

1 **Écris** de deux façons différentes l'heure du matin indiquée par chaque montre.

2 **Écris** l'heure du soir indiquée par chaque montre.

3 Quelle émission Justine est-elle en train de regarder ?

8 h 50 **Dessin animé**
Inspecteur Tirlou

9 h 05 **Documentaire**
Les dauphins chasseurs de trésors

9 h 20 **Magazine**
Je décore ma chambre

9 h 45 **Téléfilm**
L'homme aux deux visages

4 **J'apprends à calculer**

Mathéo calcule 21 × 2 000.

2 000, c'est 2 × 1 000.
Pour calculer 21 × 2 000,
je multiplie 21 par 2, puis par 1 000.
21 × 2 = 42 ; 42 × 1 000 = 42 000.
21 × 2 000 = 42 000.

Calcule comme Mathéo.

17 × 2 000   35 × 2 000

20 × 3 000   40 × 5 000

Mémo

Matin
6 h 50 min ou 7 h moins 10

Soir
18 h 50 min

69 Les grands nombres (3)

COMPÉTENCES : Encadrer un grand nombre entre des milliers… Arrondir.

Calcul mental
Tables de multiplication par 4, 8 et 9.
8 × 6

Je cherche

La distance moyenne entre la Terre et la Lune est de 384 400 km.
Elle varie entre 363 300 km et 405 500 km selon la position de la Lune.

A **Recopie** le tableau de numération et **places**-y ces nombres.

Classe des milliers			Classe des unités		
c	d	u	c	d	u

Encadre ces distances entre deux milliers qui se suivent, selon l'exemple.

384 000 < 384 400 < 385 000

…. < 363 300 < ….

…. < 405 500 < ….

Encadre ces distances entre deux centaines de milliers qui se suivent.

300 000 < 384 400 < 400 000

…. < 363 300 < ….

…. < 405 500 < ….

B **Arrondis** la distance moyenne Terre-Lune à la centaine de milliers la plus proche.
Aide-toi de la droite graduée.

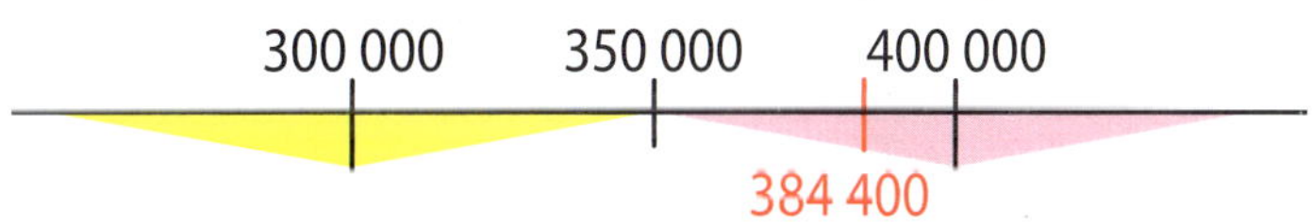

Je m'entraîne

1 a. **Encadre** ces nombres entre deux milliers qui se suivent.

…. < 84 400 < ….

…. < 157 600 < ….

b. **Encadre** ces nombres entre deux centaines de milliers qui se suivent.

…. < 245 800 < ….

…. < 560 000 < ….

2 **Recopie** ces nombres et **arrondis**-les à la centaine de milliers la plus proche.

204 780 → ….   252 360 → ….   348 354 → ….

197 350 → ….   325 400 → ….   245 375 → ….

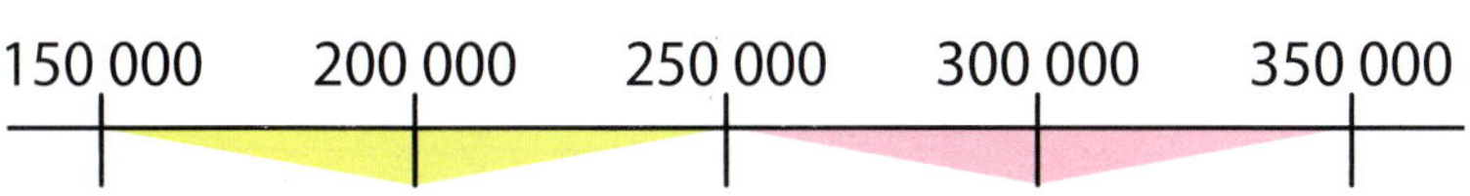

3 *J'ai déjà appris*

Écris ces heures du matin d'une autre façon.

8 h moins le quart   9 h moins cinq

11 h moins dix   10 h moins vingt

Le coin du chercheur

Dans une minute, il sera 10 h.

Quelle heure est-il ?

PHOTOFICHE 76

70 Situations de groupement (1)

COMPÉTENCES : Reconnaître des situations de division.
Calculer empiriquement le quotient et le reste.

Calcul mental

Différence de 2 nombres proches.
42 – 37

Je cherche

Chaque matin, la fermière range les œufs de ses poules dans des boîtes de 6. Ce matin, elle a ramassé 34 œufs.
Combien de boîtes peut-elle remplir entièrement ?

A **Observe** le dessin de Margot.

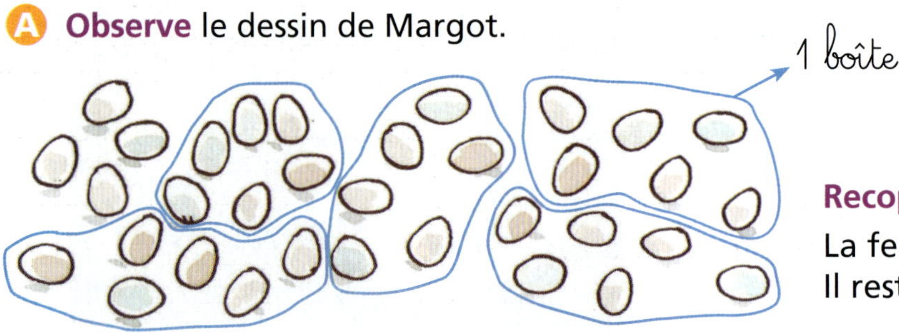

Recopie et **complète**.

La fermière peut remplir .... boîtes.
Il reste .... œufs.

B Driss résout le problème en effectuant des multiplications.
Observe ses calculs. **Trouve** les calculs des cases **A** et **B**.
Pourquoi a-t-il écrit « *Pas possible* » dans la dernière case ?

Nombre de boîtes	Nombre d'œufs rangés	Nombre d'œufs restants
1 boîte	6 × 1 = 6	34 – 6 = 28
2 boîtes	6 × 2 = 12	34 – 12 = 22
3 boîtes	6 × 3 = 18	34 – 18 = 16
4 boîtes	6 × 4 = 24	A
5 boîtes	6 × 5 = 30	B
6 boîtes	6 × 6 = 36	*Pas possible*

Recopie et **complète**.

La fermière peut remplir .... boîtes.
Il restera : 34 – .... = ... œufs.
34 = 6 × .... + ...

Je m'entraîne

1 Janine a confectionné 48 pains au lait. Elle les vend par paquets de 10. Combien de paquets peut-elle vendre ?

Recopie et **complète**.

48 = 10 × .... + ...

Janine peut vendre .... paquets.

Il lui restera .... pains au lait.

2 Maxime range sa collection de 39 voitures dans des boîtes de 5. Combien de boîtes seront pleines ?

Recopie et **complète**.

39 = 5 × .... + ...

.... boîtes seront pleines.

La boîte incomplète contiendra .... voitures.

Mémo

Pour ranger 14 œufs dans des boîtes de 4, il faut 3 boîtes.
Il reste 2 œufs : il n'y en a pas assez pour remplir une autre boîte.
14 = 4 × 3 + 2
Pour trouver le nombre de boîtes, on a **divisé** 14 par 4.

PHOTOFICHE 77

71 Situations de groupement (2)

COMPÉTENCE : Donner du sens au reste d'une division.

Calcul mental

Différence de dizaines proches.

140 – 120

Je cherche

A La fermière doit ranger les œufs dans des boîtes de 6 pour les vendre au marché. Pour savoir combien de boîtes elle pourra vendre, elle réalise le tableau suivant.

a. **Reproduis** ce tableau et **complète**-le.

Nombre d'œufs	30	31	32	33	34	35	36	37	38	39	40	41	42	43	44	45	46	47	48	49	50
Nombre de boîtes de 6	5	5	5	....	....	....	....	....	....	....	....	....	....	....	....	....	....	....	....	....	....
Nombre d'œufs restants	0	1	2	....	....	....	....	....	....	....	....	....	....	....	....	....	....	....	....	....	....

Colorie en jaune les colonnes lorsqu'il ne reste aucun œuf.
Que remarques-tu ?

Sur l'ensemble du tableau, **observe** les nombres d'œufs restants.
Que remarques-tu ?

Recopie et **complète**.
Lorsqu'on remplit des boîtes de 6, le nombre d'œufs restants est toujours plus petit que .....

b. **Utilise** le tableau pour compléter ces égalités.

43 = 6 × .... + ...   45 = 6 × .... + ...   48 = 6 × .... + ...   56 = 6 × .... + ...

6 × 1 = 6
6 × 2 = 12
6 × 3 = 18
6 × 4 = 24
6 × 5 = 30
6 × 6 = 36
6 × 7 = 42
6 × 8 = 48
6 × 9 = 54

B Mardi, les poules ont pondu 68 œufs.
La fermière calcule.

A-t-elle bien calculé ? **Explique** pourquoi.

Recopie et **complète**.
En réalité, ... boîtes seront pleines, et il restera .... œufs.

68 = 6 × 10 + 8
Il faut 10 boîtes et il reste 8 œufs.

Je m'entraîne

1 Un pâtissier confectionne des sachets de 8 truffes en chocolat.
Combien de sachets peut-il confectionner avec :
41 truffes ? 46 truffes ? 48 truffes ?

Recopie et **complète**.

Avec 41 truffes, il peut confectionner .... sachets, car 41 = 8 × .... + ...
Avec 46 truffes, il peut confectionner .... sachets, car 46 = 8 × .... + ...
Avec 48 truffes, il peut confectionner .... sachets, car 48 = 8 × .... + ...

8 × 1 = 8
8 × 2 = 16
8 × 3 = 24
8 × 4 = 32
8 × 5 = 40
8 × 6 = 48
8 × 7 = 56
8 × 8 = 64
8 × 9 = 72

2 66 enfants participent au tournoi de rugby.
On forme des équipes de 8.
Les enfants restants seront arbitres.

a. Pourquoi Jules a tort ?

b. Qu'aurait-il dû dire ?

On peut former 7 équipes de 8 et il y aura 10 arbitres.

Le coin du chercheur

Mais quelle heure est-il ?

PHOTOFICHE 78

72 Unités de temps

COMPÉTENCES : Connaître et convertir les unités de temps (heures, minutes, secondes).

Calcul mental

Multiplier des dizaines par un nombre d'un chiffre.

60 × 4

Je cherche

A Avec quelle unité, **h**eure (**h**), **min**ute (**min**) ou **s**econde (**s**), exprimes-tu la durée :
- de la récréation ?
- d'une journée de classe ?
- de la sonnerie de la récréation ?
- d'un tour de stade en marchant ?
- d'un coup de tonnerre ?
- d'un voyage en avion ?

B Sonia a-t-elle raison ? Pourquoi ?

C Le satellite français *Corot* doit détecter des planètes semblables à la Terre situées hors du système solaire.
Il effectue le tour de la Terre en 1 h 30 min.
Convertis cette durée en minutes.

Je m'entraîne

1 **Convertis** en minutes :

a. 1 h 20 min ; 1 h 50 min ; 2 h.

b. un quart d'heure ;
une demi-heure ;
une heure et demie.

2 **Convertis** en secondes :

a. 2 min ; 5 min ; 10 min ; 1 min 30 s.

b. un quart d'heure ;
une demi-heure ;
deux heures.

3 **Recopie** et **complète** avec :
jours, heures, minutes, secondes.
- La Terre fait un tour sur elle-même en 24 .....
- Elle fait un tour autour du Soleil en 365 .....
- La durée d'un match de foot est de 90 .....
- La durée d'une publicité à la télévision est de 45 .....

4 Silvio a nagé 50 m en 1 min 20 s et Laure en 76 secondes.

Qui est le plus rapide ?

5 Roméo met 1 h 10 min pour se rendre sur son lieu de travail et Irma 75 min.

Qui met le moins de temps pour aller travailler ?

6 *J'apprends à calculer*

Calcule selon l'exemple.

14 × 3 = 14 × 2 + 14 = 28 + 14 = 42

25 × 3	55 × 3
34 × 3	46 × 3

Mémo

1 h = 60 min	une demi-heure = 30 min	
1 min = 60 s	un quart d'heure = 15 min	1 h = 3 600 s

PHOTOFICHES 79, 80

73 PROBLÈMES
Tracer un carré, un rectangle

COMPÉTENCE : Construire un carré ou un rectangle de dimensions données.

Calcul mental

Multiplier des dizaines par un nombre d'un chiffre.

30 × 8

---

1 Ces trois points rouges sont trois sommets d'un rectangle. **Place**-les sur le quadrillage de ton cahier, puis **trace** ce rectangle.

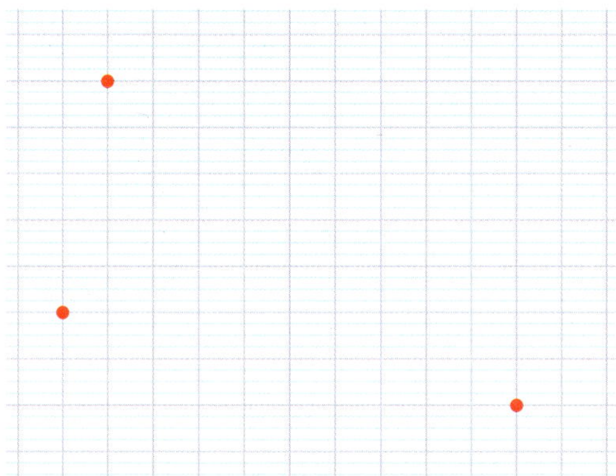

---

2 Sur une feuille de papier uni, **trace** un rectangle de 8 cm de longueur et 5 cm de largeur.

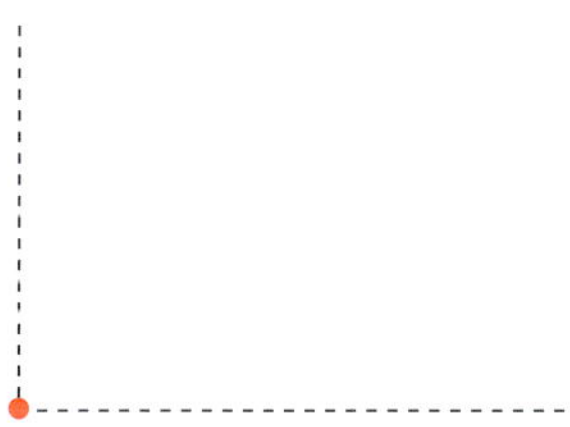

3 Sur une feuille de papier uni, **trace** un carré de 5 cm de côté.

---

4 a. Combien comptes-tu de carrés dans la figure ci-contre ?

b. **Reproduis** cette figure et **termine** la frise.

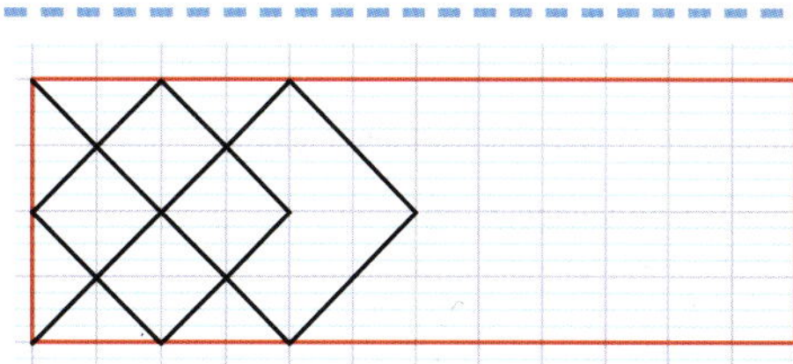

5 *J'apprends à calculer*

Sans effectuer les calculs, **compare** ces différences. **Utilise** les signes < ou >.

250 – 50 .... 250 – 20

14 000 – 500 .... 14 000 – 700

860 – 40 .... 870 – 40

60 000 – 30 000 .... 50 000 – 30 000

Le coin du chercheur

Dans 10 minutes, ce sera demain. Quelle heure est-il ?

J'ai appris à…

… lire, écrire, décomposer les nombres de six chiffres.

Classe des milliers			Classe des unités		
c	d	u	c	d	u
7	2	0	4	0	0

sept cent vingt mille quatre cents

720 400 = 700 000 + 20 000 + 400

720 400 = 7 × 100 000 + 2 × 10 000 + 4 × 100

… lire de 2 façons différentes les heures du matin.

6 h 50 min
ou
7 h moins 10

8 h 55 min
ou
9 h moins 5

… reconnaître des situations de partage.

Pour ranger 14 œufs dans des boîtes de 4, il faut 3 boîtes et il reste 2 œufs :
14 = 4 × 3 + 2
Pour trouver le nombre de boîtes, on a **divisé** 14 par 4.

Le reste doit être **plus petit** que 4.

Et retiens !

… comparer les grands nombres.

– Le plus grand de deux nombres est celui qui a le plus de chiffres.

505 699 > 50 570

– S'ils ont le même nombre de chiffres, on compare leurs chiffres en commençant par la gauche.

500 010 > 499 999

… ordonner les nombres.

Les nombres s'ordonnent
– par ordre croissant :
49 999 < 50 990 < 51 052 < 51 900
– ou par ordre décroissant :
51 900 > 51 052 > 50 990 > 49 999

… intercaler un grand nombre.

Le nombre 483 209 est compris entre 400 000 et 500 000.

400 000 < 483 209 < 500 000

… arrondir un grand nombre.

La centaine de milliers la plus proche de 483 209 est 500 000.

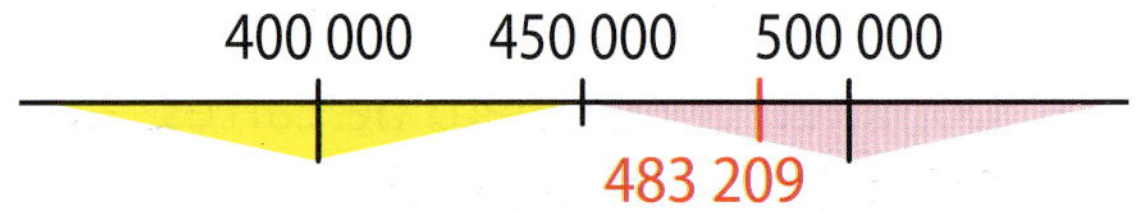

… convertir les heures, minutes, secondes.

1 h = 60 min

1 min = 60 s

1 h = 3 600 s

une demi-heure = 30 min

un quart d'heure = 15 min

… construire un carré ou un rectangle de dimensions données sur papier uni.

Pour tracer un carré ou un rectangle de longueurs données, j'utilise une règle graduée et une équerre.

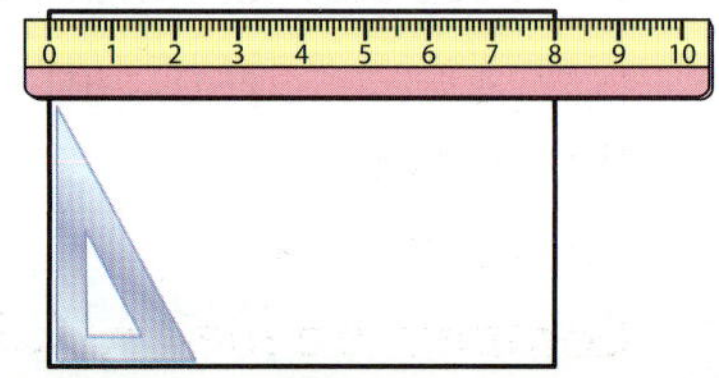

75  Je fais le point (7)

socle commun

1 **Écris** ces nombres en chiffres.

sept cent neuf mille quatre-vingt-douze

dix-huit mille cent seize

2 **Écris** ces nombres en lettres.

908 070

500 550

3 **Décompose** suivant l'exemple.

a. 153 168 = 100 000 + 50 000 + 3 000 + 100 + 60 + 8

306 809 = ...

b. 90 074 = 9 × 10 000 + 7 × 10 + 4

800 050 = ...

4 **Écris** le nombre qui précède et celui qui suit.

.... < 79 999 < .... < 19 999 < .... < 899 999 < .... < 509 999 < ....

5 **Range** ces nombres par ordre croissant.

56 200 ; 397 103 ; 50 000 ; 382 000

6 **Écris** de deux façons l'heure du matin.

7 **Convertis** :

a. **en minutes.**

une heure et demie = ... min

trois quarts d'heure = ... min

2 h 10 min = ... min

b. **en secondes.**

5 min = ... s ; 15 min = ... s ;

une demi-heure = ... s

8 **Arrondis** ces nombres à la centaine de milliers la plus proche.

204 780 → .... 278 360 → ....

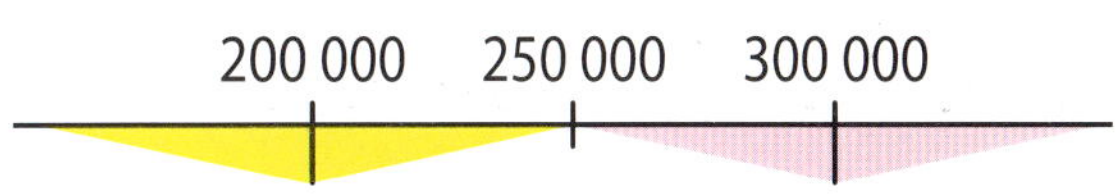

9 Un marchand de fruits a reçu 50 melons. Il les range dans des caisses de 6.

Combien de caisses remplit-il ?

Recopie et **complète** l'égalité qui permet de calculer le nombre de caisses.

50 = 6 × .... + ...

Combien de melons lui reste-t-il ?

10 **Utilise** la règle et l'équerre pour tracer un rectangle de 6 cm de longueur et de 4 cm de largeur.

PHOTOFICHE 83

76 Mesurer une masse

COMPÉTENCE : Mesurer une masse avec différentes balances.

Calcul mental

Multiplier des centaines par un nombre d'un chiffre.

200 × 8

Je cherche

A **Observe.**

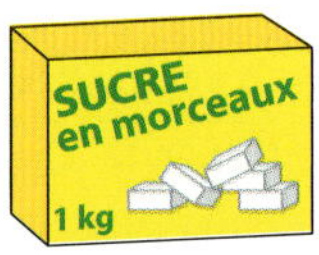

Recopie et **complète.**

1 kilogramme (kg) = ... grammes (g)

Écris la masse du dictionnaire, puis celle de la trousse avec l'unité qui convient.

2 ....

300 ....

B Quelle est la masse de la corbeille de cerises ?

On place maintenant la même corbeille de cerises sur une balance à plateaux.
Quelles masses marquées doit-on placer sur le plateau pour obtenir l'équilibre de la balance ?

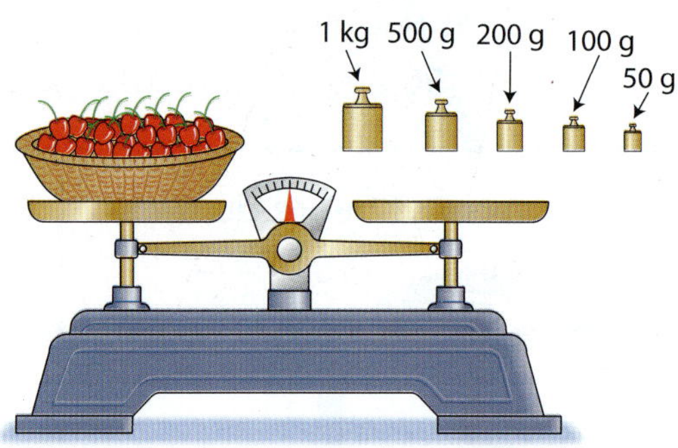

Je m'entraîne

1 Voici les masses de quelques animaux ou objets. **Choisis** la bonne réponse.

A

200 g / 200 kg

B

3 g / 3 kg

C

400 g / 400 kg

D

25 g / 25 kg

2 **Indique** :

a. la masse de la boîte de sucre.

b. la masse des 2 boules, puis celle d'une boule.

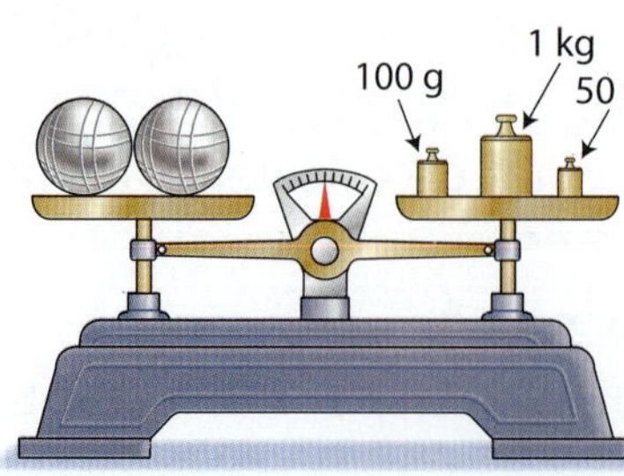

PHOTOFICHE 84

77 Le losange, le triangle rectangle

COMPÉTENCES : Reconnaître, décrire, nommer, reproduire et tracer un losange, un triangle rectangle.

Calcul mental

Dictée de grands nombres.

12 438

Je cherche

A **Reproduis** et **découpe** cette figure.
Vérifie que cette figure est un losange.

Trouve ses axes de symétrie par pliage.
Repasse-les en rouge.

Tu obtiens quatre triangles.
– Sont-ils tous superposables ?
– S'agit-il de triangles rectangles ?
Marque, sur la figure, les angles droits.

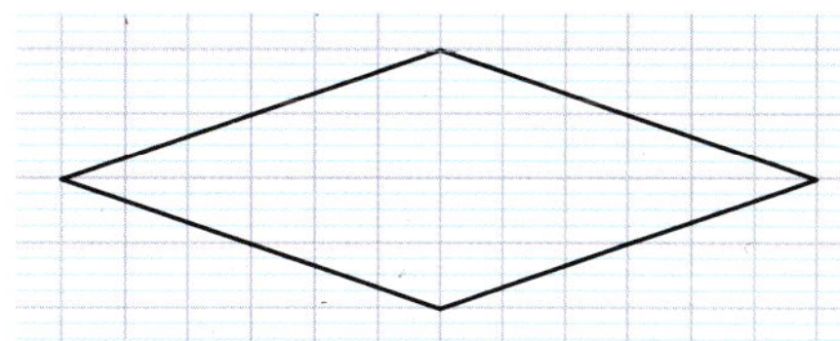

Tu as appris en leçon 24 qu'un losange possède quatre côtés de même longueur.

B Gaël et Jade ont voulu construire un losange en assemblant quatre triangles.

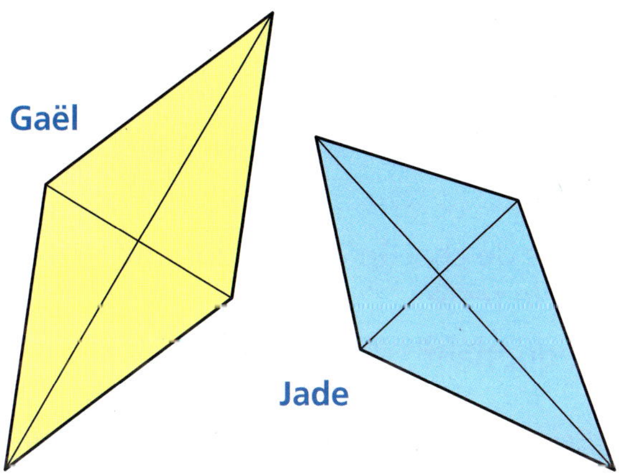

Pour chaque construction, **réponds** aux questions suivantes :

a. Les triangles assemblés sont-ils tous des triangles rectangles ?

b. Les quatre triangles assemblés sont-ils superposables ?

c. La figure obtenue a-t-elle ses quatre côtés de même longueur ?

d. La figure obtenue est-elle un losange ?

Je m'entraîne

1 Quel triangle a été utilisé quatre fois pour construire le losange ?

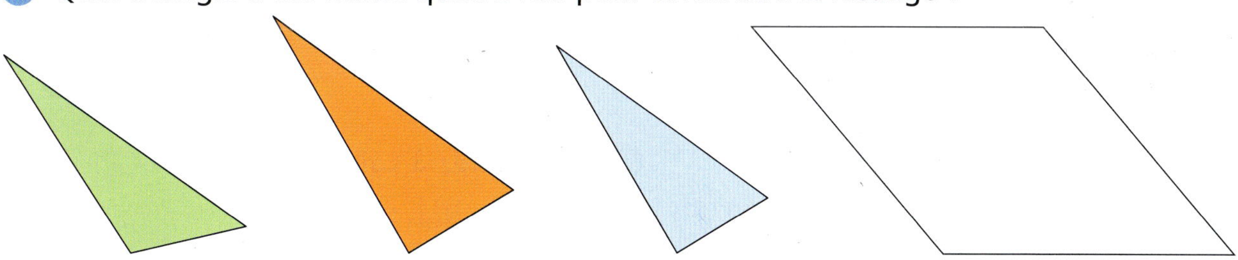

2 **Reproduis** ce triangle rectangle. Le côté rouge est un côté d'un losange.
Termine le losange.

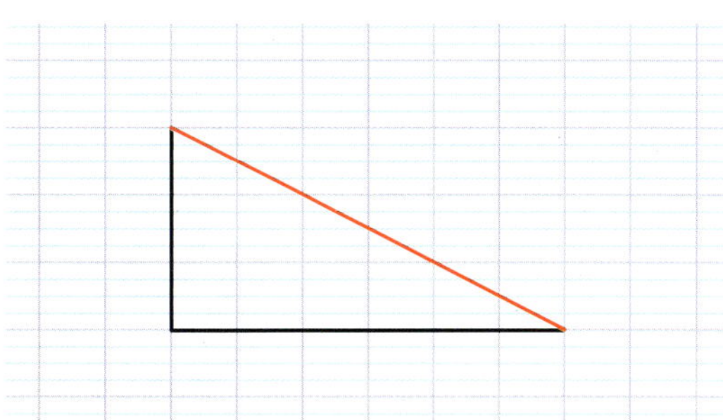

Le coin du chercheur

Observe la suite des trois premiers cadrans.

Quelle heure doit indiquer le quatrième cadran ?

PHOTOFICHE 85

78 Situations de partage (1)

COMPÉTENCES : Reconnaître des situations de partage. Calculer empiriquement le quotient et le reste.

Calcul mental
Dictée de grands nombres.
112 430

Je cherche

A Cinq amis se partagent équitablement les 32 poissons qu'ils ont pêchés. S'il en reste, ils les donneront à leur ami Antonio, qui n'a pas pu venir.

Observe le tableau. **Trouve** les calculs des cases **A** et **B**.
Pourquoi est-il écrit « *Pas possible* » dans la dernière case ?

Nombre de poissons donnés à chacun	Nombre de poissons distribués	Nombre de poissons restants
1	5 × 1 = 5	32 – 5 = 27
2	5 × 2 = 10	32 – 10 = 22
3	5 × 3 = 15	32 – 15 = 17
4	5 × 4 = 20	32 – 20 = 12
5	5 × 5 = 25	**A**
6	5 × 6 = 30	**B**
7	5 × 7 = 35	*Pas possible*

Combien de poissons chacun aura-t-il ?
Combien de poissons restera-t-il ?
Recopie et **complète** l'égalité :

32 = 5 × .... + ...

Tu as divisé 32 par 5.

Dans ce cas, le nombre d'amis est le **diviseur**. La part de chacun est le **quotient** de la division et ce qui n'a pas pu être distribué est le **reste**.

Recopie et **complète** : .... est le **diviseur** ; .... est le **quotient** ; .... est le **reste**.

B Le lendemain, les cinq amis pêchent 40 poissons. Combien chacun aura-t-il de poissons ?
Recopie et **complète** : 40 = 5 × .... + ...
Chacun aura .... poissons. Il restera .... poisson.
Quand on **divise 40** par 5, le **quotient** est ...., le **reste** est .....
Le **reste** est toujours plus petit que le .....

Je m'entraîne

1 Julia partage un paquet de 30 biscuits entre quatre enfants.
Combien de biscuits recevra chaque enfant ?
Recopie et **complète** :

30 = 4 × .... + ...

Chaque enfant recevra .... biscuits.
Il restera .... biscuits non distribués.

2 Aigle Noir partage 57 plumes de sa coiffe entre ses 10 meilleurs guerriers.
Combien de plumes recevra chaque guerrier ?

3 *J'apprends à calculer*

Calcule selon l'exemple.

16 × 4 = 16 × 2 + 16 × 2
16 × 4 = 32 + 32 = 64

12 × 4 27 × 4 34 × 4

PHOTOFICHE 86

79 Situations de partage (2)

COMPÉTENCE : Donner du sens au quotient et au reste d'une division.

Calcul mental

Retrancher 9.
56 – 9

Je cherche

Grand-père dit à ses 6 petits-enfants :
« Chaque jour de cette semaine, je cueillerai les poires mûres et je vous les distribuerai équitablement. Moi, je garderai celles qui resteront. »

Observe le tableau.
Quels sont les jours où ce coquin de grand-père a triché ?

Recopie et **complète**.
Grand-père a triché parce qu'il doit lui rester moins de .... poires.

	L	M	M	J	V	S	D
Poires cueillies	14	24	15	18	9	25	30
Nombre d'enfants	6	6	6	6	6	6	6
Poires données à chaque enfant	2	4	2	2	1	3	5
Poires gardées par grand-père	2	0	3	6	3	7	0

Je m'entraîne

1 Cinq amis se partagent 43 autocollants.
Quelle égalité permet de savoir combien chacun en aura ?

$43 = 5 \times 7 + 8$ $\qquad$ $43 = 5 \times 8 + 3$ $\qquad$ $43 = 4 \times 10 + 3$

Recopie et **complète**.
Chacun aura .... autocollants. Il restera .... autocollants.

2 Le capitaine des pirates partage 30 pièces d'or entre ses 8 compagnons.

a. Combien de pièces aura chacun des 8 compagnons ?

b. Combien de pièces aura le capitaine ?
Le capitaine est-il malin ?

c. Aurait-il fait la même proposition s'il y avait eu 32 pièces ?
Pourquoi ?

3 Pour fabriquer cette chèvre, il faut 8 allumettes et 2 bouchons.
Combien de chèvres peut-on fabriquer avec 60 allumettes ?
Combien d'allumettes restera-t-il ?
Combien de bouchons utilisera-t-on ?

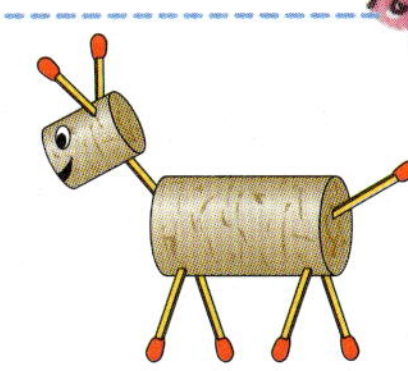

4 Arthur range ses cartes postales.
Il remplit 5 pochettes de 12 cartes et il lui en reste 9.
Combien de cartes postales Arthur possède-t-il ?

5 *J'ai déjà appris*

Recopie et **complète**.

Une heure, c'est .... minutes ou .... secondes.
Une demi-heure, c'est .... minutes ou .... secondes.
Un quart d'heure, c'est .... minutes ou .... secondes.

Le coin du chercheur

Yanis possède 12 billes et Alicia 18 billes.
Combien de billes Alicia doit-elle donner à Yanis pour qu'ils en aient le même nombre ?

PHOTOFICHES 87, 88

80 Le calendrier

COMPÉTENCES : Utiliser un calendrier et convertir les unités de temps : jour, mois, année.

Calcul mental

Le plus petit de deux grands nombres.

12 345 ; 13 500

Je cherche

A **Observe** le calendrier de l'année 2015 à la fin de ton livre ou un calendrier de l'année en cours.

Quel est le mois le plus court ? Combien de jours comporte-t-il ?

Écris la liste des mois de 30 jours.

Écris la liste des mois de 31 jours.

Combien de jours comporte l'année 2015 ?

Tous les 4 ans, le mois de février compte 29 jours : c'est une année bissextile.

Combien de jours compte l'année 2016 qui est bissextile ?

Quelle sera l'année bissextile qui suivra l'année 2016 ?

B Le cachet de la poste **A** correspond au 28 mars 2009, qui s'écrit aussi 28/03/2009, car le mois de mars est le 3e mois de l'année.

A

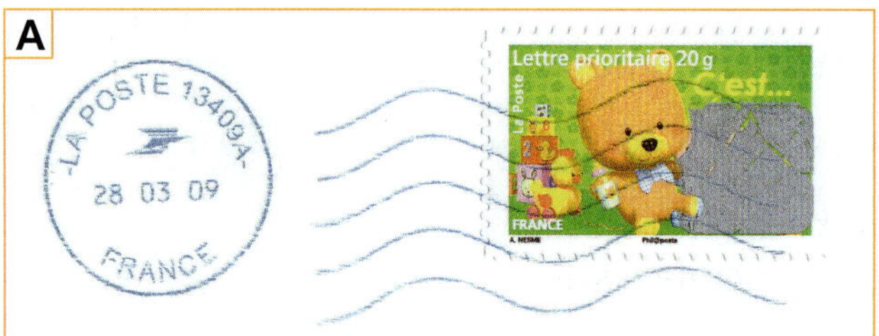

B

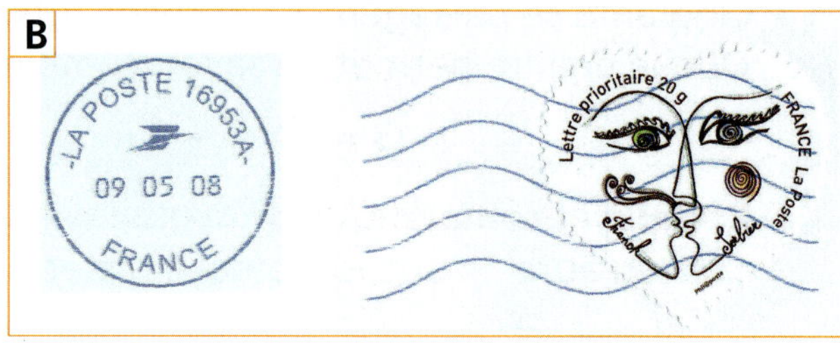

Écris de deux façons différentes la date correspondant au cachet **B**.

C **Observe** l'encadré ci-contre, puis **réponds** aux questions.

En quelle saison ont lieu les fêtes suivantes :

– le 14 juillet ? – le 1er mai ?
– le 11 novembre ? – Noël ?

Chaque saison commence un jour proche du :
– 21/03 pour le printemps
– 21/06 pour l'été
– 21/09 pour l'automne
– 21/12 pour l'hiver

Mémo

Une semaine, c'est 7 jours.
Un mois, c'est :
– 30 ou 31 jours ;
– sauf pour le mois de février : 28 ou 29 jours.
Une année, c'est :
– 365 jours ou 366 jours pour les années bissextiles ;
– 12 mois.

Une date peut s'écrire en chiffres ou en lettres :

12 janvier 2015	12/01/2015
3 septembre 2016	03/09/2016

Je m'entraîne

1 **Réponds** par VRAI ou FAUX.

a. Tous les mois ont 30 jours.

b. Toutes les années commencent un lundi.

c. Toutes les années ont le même nombre de jours.

d. Un mois, c'est 4 semaines.

e. Une semaine, c'est toujours 7 jours.

2 **Réponds** à la question de Quentin.

3 Quel est, en mois, l'âge de la sœur de Nicolas ?

4 **Écris**, de 2 façons différentes, la date :
- du premier dimanche de l'année 2016 ;
- du dernier dimanche de l'année 2014.

5 En quelle saison se trouve chacun des mois suivants ?
– février – avril – octobre – août

6 La date d'anniversaire d'Olga est le 06/07 et celle de son frère Dimitri 3 mois plus tard.
En quelle saison fête-t-on l'anniversaire d'Olga ? celui de Dimitri ?

7 Annie est née le 21/04/2005, Léa le 15/02/2005 et Marie le 10 mai 2005.
Qui est la plus âgée ? la plus jeune ?

8 Une agence de voyages propose les tarifs ci-contre pour des vacances en Crète.

Séjour d'une semaine *Prix par personne*

HÔTEL MALIA PARK	09/05/15 au 29/05/15	30/05/15 au 06/07/15	07/07/15 au 31/07/15	01/08/15 au 31/08/15	01/09/15 au 16/09/15
Prix	900 €	985 €	1 250 €	1 400 €	975 €

a. Quel est le mois où le tarif est le plus élevé ?

b. Catherine part de Marseille le 14 juillet 2015 pour passer une semaine à l'hôtel Malia Park.
Combien paiera-t-elle ?

9 *J'ai déjà appris*

Recopie les longueurs comprises entre 20 cm et 50 cm.

240 mm ; 1 m ; 40 mm ; 480 mm ; 3 m ; 40 cm

Le coin du chercheur

Quel est le plus lourd :
1 kg de plumes ou 1 kg de plomb ?

PHOTOFICHE 89

81 Reconnaître un cube, un pavé droit

COMPÉTENCES : Reconnaître, décrire et nommer un solide.
Utiliser en situation le vocabulaire géométrique.

Calcul mental
Le suivant d'un grand nombre.
12 429

Je cherche

A **Observe** ces deux solides.

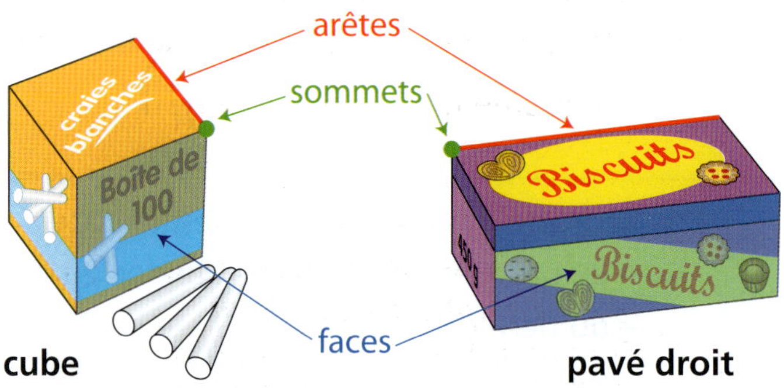

cube **pavé droit**

Toutes les faces de ces solides sont des **carrés** ou des **rectangles**.

Si toutes les faces sont des **carrés**, le solide s'appelle un **cube**.

Pour chaque solide, **compte** le nombre de sommets, de faces, et d'arêtes.
Recopie et **complète**.
Un pavé droit ou un cube possède .... sommets, ... faces et .... arêtes.

B

Ce colis a la forme d'un pavé droit.
Toutes ses faces sont des rectangles.

a. Est-ce le cas sur le dessin ?

b. Toutes les arêtes et tous les sommets sont-ils visibles ?

c. Combien d'arêtes sont cachées ?

d. Combien de sommets sont cachés ?

C Ce solide a laissé les empreintes ci-dessous.

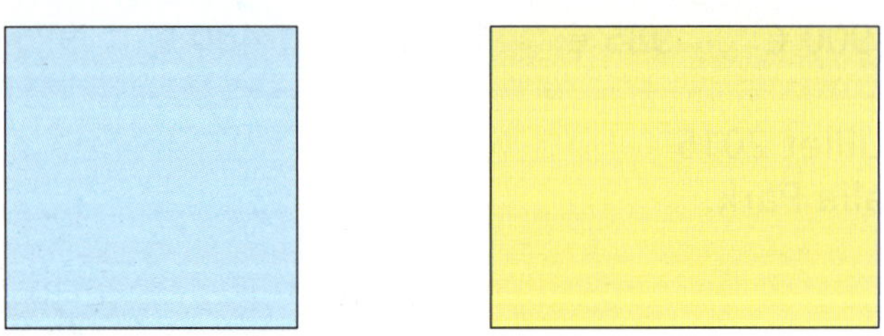

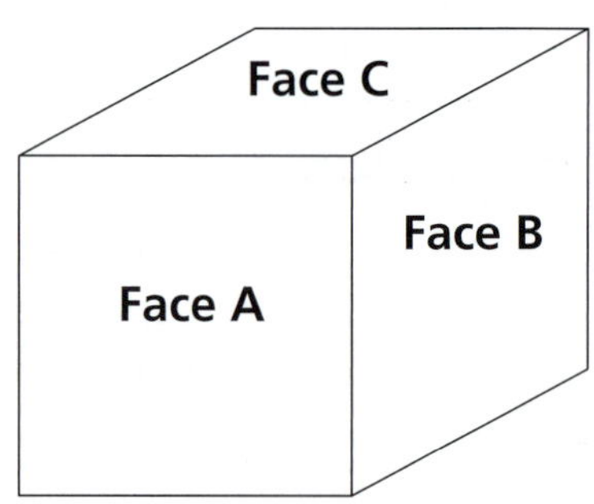

a. – Est-ce un pavé droit ?
– Est-ce un cube ?

b. – Quelles faces ont laissé l'empreinte jaune ?

Je m'entraîne

1 Retrouve les noms correspondant aux lettres **a**, **b** et **c**.

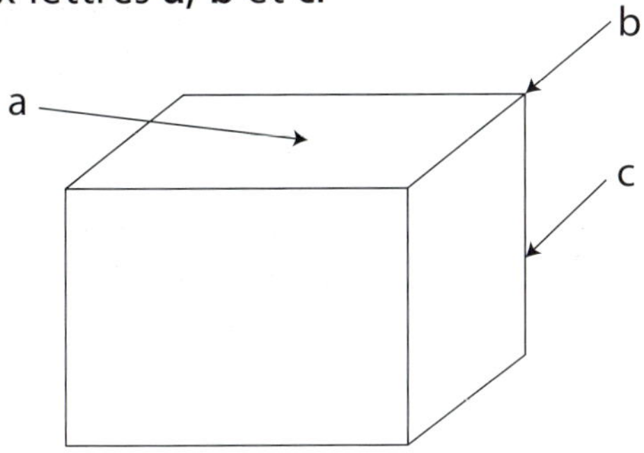

2 Qui suis-je ?

Mes six faces sont des carrés.
Je suis un ....

3 **Réponds** par VRAI ou FAUX.

Un pavé droit possède :
– le même nombre de faces que d'arêtes.
– le même nombre de faces que de sommets.

4 Voici le dessin d'un cube.

a. Quelles sont les couleurs des faces qui apparaissent déformées sur le dessin ?

b. Combien de faces sont cachées ?

5 Robin a posé un cube sur une table.
Chaque arête mesure 4 cm.
Sur ton cahier, **dessine** la trace de la face posée sur la table.

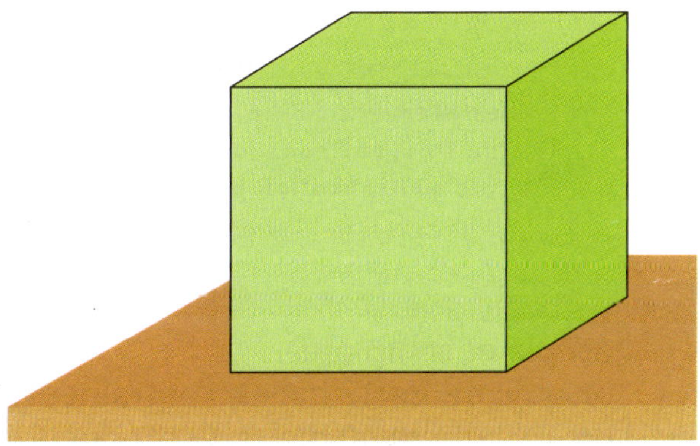

6 Voici les empreintes laissées par les six faces de ce pavé.
Combien de faces correspondent à l'empreinte **A** ? à l'empreinte **B** ?

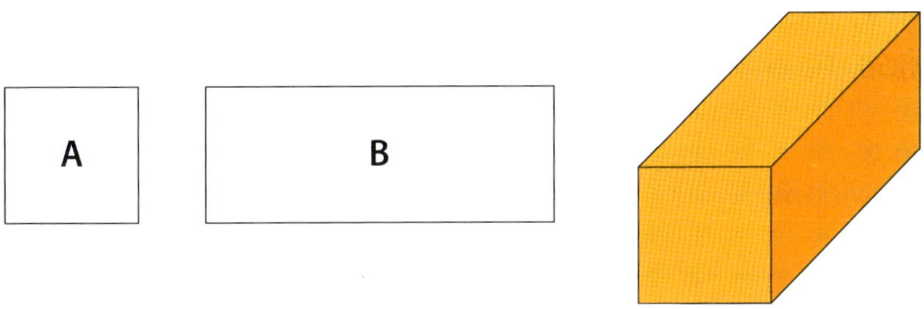

7 *J'ai déjà appris*

Marion range 26 chaussures dans des boîtes de deux.
Combien lui faut-il de boîtes ?

Le coin du chercheur

Dessine 12 billes, puis colorie-les pour que les billes bleues soient 2 fois plus nombreuses que les billes rouges.

PHOTOFICHE 90

82 Multiples et division (1)

COMPÉTENCES : Donner du sens au mot multiple.
Reconnaître les multiples d'un nombre.

Calcul mental
Le précédent d'un grand nombre.
12 400

Je cherche

A Avant chaque séance d'entraînement, l'entraîneur ouvre des boîtes de 4 balles de tennis.

Recopie et **complète**.
Lorsqu'il ouvre 5 boîtes, il utilise 5 × 4 = ... balles.
Lorsqu'il ouvre 8 boîtes, il utilise .....
Lorsqu'il ouvre 10 boîtes, il utilise.....
Lorsqu'il ouvre 12 boîtes, il utilise.....

Les nombres de balles que tu viens d'écrire sont des **multiples** de 4.

Écris 5 autres multiples de **4**.

B **Recopie** et **complète**.
Lorsqu'il utilise 12 balles, l'entraîneur a ouvert .... boîtes, car 12 = ... × 4.
Lorsqu'il utilise 40 balles, l'entraîneur a ouvert .... boîtes, car 40 = ... × 4.
Lorsqu'il utilise 52 balles, l'entraîneur a ouvert .... boîtes, car 52 = ... × 4.

C Après la séance d'entraînement, l'entraîneur ramasse les balles.
Recopie les nombres de balles qui correspondent à un nombre de boîtes pleines.

16 25 28 30 36 42 44

Ces nombres sont des multiples de .....

D a. **Écris** huit multiples de **2**.
Ces nombres sont-ils pairs ou impairs ?

b. **Écris** huit multiples de **3**.
Ces nombres sont-ils pairs ou impairs ?

E a. **Écris** huit multiples de **5**.
Par quels chiffres se terminent les multiples de 5 ?

b. **Écris** huit multiples de **10**.
Par quels chiffres se terminent les multiples de 10 ?

Mémo

7 × 2 = 14   7 × 3 = 21   7 × 7 = 49   7 × 20 = 140 …
14, 21, 49, 140, … sont des multiples de 7.

12 = 3 × 4   12 est un multiple de 3 et un multiple de 4.
12 = 2 × 6   12 est un multiple de 2 et un multiple de 6.

Je m'entraîne

1 Parmi ces nombres, **recopie** en **bleu** les multiples de **2** et en **rouge** les multiples de **5**.

15 21 8 5 6 10 7 24 30 20 25

Recopie et **complète.**
Les nombres recopiés deux fois sont des multiples de .....

2 Une semaine, c'est 7 jours.
Recopie les nombres de jours qui correspondent à un nombre de semaines entières.

10 jours 14 jours 15 jours 20 jours 21 jours 28 jours

Recopie et **complète.**
Les nombres recopiés sont des multiples de .....

3 **Recopie** les nombres de yaourts qui correspondent à des lots de 4.

12 yaourts 15 yaourts 18 yaourts
20 yaourts 24 yaourts 30 yaourts

Recopie et **complète.**
Les nombres recopiés sont des multiples de .....

4 Tous ces nombres sont des multiples d'un même nombre sauf un. Lequel ?

20 15 30 43 25 100

Recopie et **complète.**
Les autres nombres sont des multiples de .....

5 **Recopie** les multiples de **12** parmi les nombres suivants.

48 35 24 120
168 133 100 240

6 À qui appartient chacune des tirelires ?

Éva n'a que des billets de 20 €.
Leila n'a que des billets de 10 €.
Louis n'a que des billets de 5 €.
Chang n'a que des pièces de 2 €.

7 a. **Écris** les 4 premiers multiples de **24**.

b. Mélissa est militaire. Elle vient d'obtenir une permission de 72 heures.
Combien de jours de permission a-t-elle obtenus ?
72 = 24 × .....

8 *J'ai déjà appris*

Écris en lettres.

72 030 ; 510 020 ; 808 808 ; 182 100

Le coin du chercheur

Il y a une semaine, c'était Noël.
Quel jour sommes-nous ?

83 PROBLÈMES
Choisir l'opération

COMPÉTENCE : Résoudre des problèmes relevant des 4 opérations.

Calcul mental
Tables de multiplication par 5, 6 et 7.
6×8

1 **Résous** chaque problème, **recopie** et **complète** les phrases réponses.

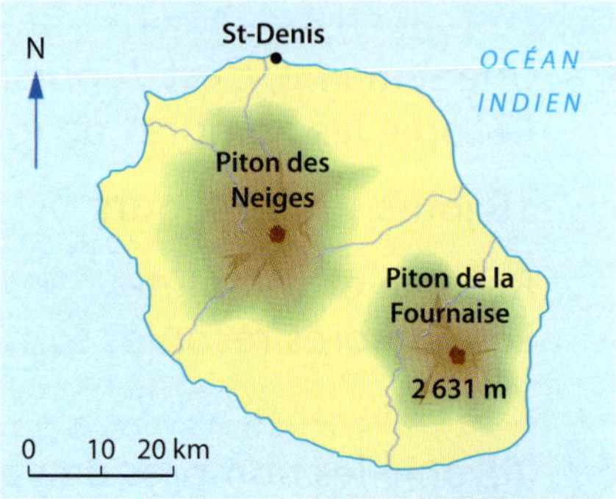

A Deux volcans dominent l'île de la Réunion ① : le piton des Neiges mesure 439 m de plus que le piton de la Fournaise (2 631 m).

Quel est le volcan le plus haut : le piton des Neiges ou le piton de la Fournaise ?

Pour calculer l'altitude du piton des Neiges, j'effectue une .....

L'altitude du piton des Neiges est .....

B Dans les Antilles ②, le volcan de la Soufrière (1 467 m d'altitude), en Guadeloupe, mesure 70 m de plus que le volcan de la montagne Pelée, en Martinique.

Quel est le volcan le plus haut : la montagne Pelée ou la Soufrière ?

Pour calculer l'altitude de la montagne Pelée, j'effectue une .....

L'altitude de la montagne Pelée est .....

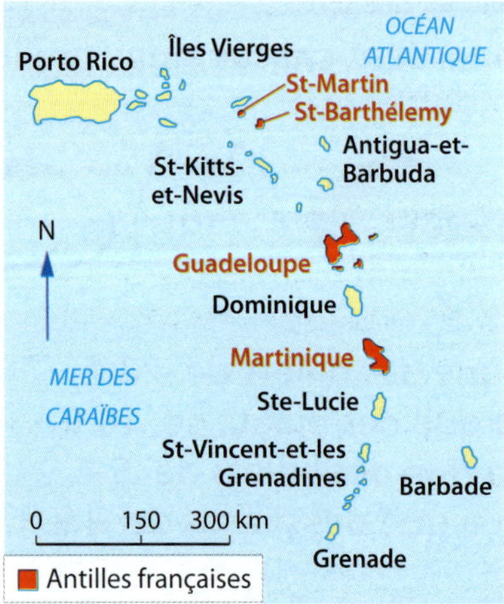

C On compte environ 200 000 habitants en Guyane ③.
Sur l'île de la Réunion, il y a 4 fois plus d'habitants qu'en Guyane.

Quel est le département le plus peuplé : la Réunion ou la Guyane ?

Pour calculer la population de la Réunion, j'effectue une .....

À la Réunion, il y a .... habitants.

D Dans les Antilles, environ 36 000 personnes vivent sur l'île Saint-Martin.
L'île de Saint-Barthélemy compte 4 fois moins d'habitants que l'île Saint-Martin.

Quelle est l'île la plus peuplée : Saint-Barthélemy ou Saint-Martin ?

Pour calculer la population de Saint-Barthélemy, j'effectue une .....

À Saint-Barthélemy, il y a .... habitants.

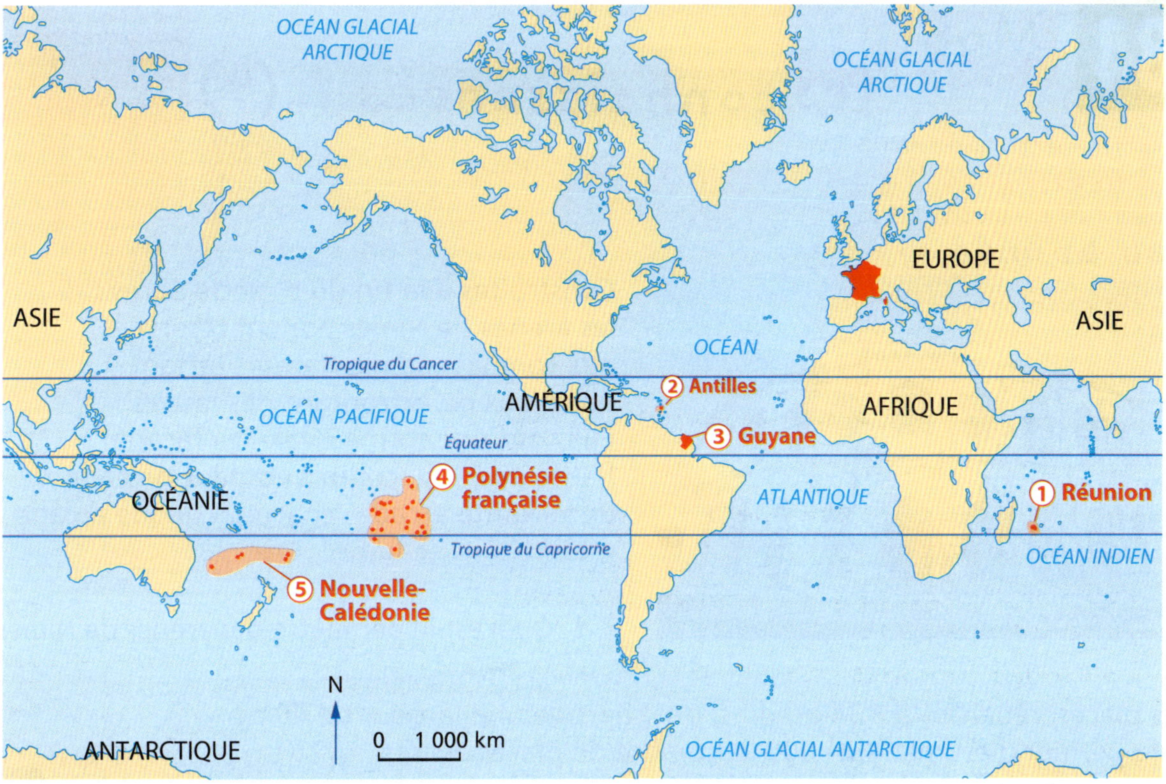

2 Kourou, en Guyane, est la base de lancement des fusées européennes *Ariane*. Les fusées *Ariane I, II* et *III* ont effectué en tout 28 vols. *Ariane IV* en a effectué 88 de plus.

Combien de vols *Ariane IV* a-t-elle effectués ?

3 La biodiversité de la Guyane est exceptionnelle. On dénombre 684 espèces d'oiseaux ; c'est 507 espèces de plus que chez les mammifères.

Combien d'espèces de mammifères compte-t-on en Guyane ?

4 La Guadeloupe a une superficie de 1 677 km² environ. C'est 50 fois moins que la superficie de la Guyane.

Quelle est la superficie de la Guyane ?

5 En 2009, la Polynésie française ④ a produit 70 000 kg de vanille. C'est 45 000 kg de plus que la production de la Réunion.

Quelle masse de vanille la Réunion a-t-elle produite en 2009 ?

6 La distance entre la Nouvelle-Calédonie ⑤ et la France métropolitaine (18 000 km) est trois fois plus grande que la distance entre la Guadeloupe ② et la France métropolitaine.

Quelle est la distance entre la Guadeloupe et la France métropolitaine ?

7 En terre Adélie (Antarctique), un poussin de manchot empereur âgé d'un an pèse trois fois moins qu'un adulte de 45 kg.

Combien pèse un poussin de manchot empereur âgé d'un an ?

84 Mobilise tes connaissances ! (4)

COMPÉTENCES : Mobiliser ses connaissances et ses savoir-faire pour interpréter des documents et résoudre des problèmes complexes.

Nîmes, ville romaine

Les arènes

Construites à la fin du Ier siècle après J.-C., les arènes de Nîmes étaient réservées aux combats de gladiateurs luttant entre eux ou affrontant des fauves. Elles ont une forme ovale. La façade, haute de 21 m, comprend deux niveaux de soixante arcades chacun. Chaque arcade mesure 6 m de large.

1. Quel est le périmètre des arènes de Nîmes ?

Les places, réparties sur 34 gradins, ont chacune une largeur de 40 cm. Cela permet d'estimer à 24 000 le nombre de places assises.

2. Écris en lettres le nombre de places assises dans ces arènes.

3. Quelle est la largeur, en mètres, occupée par dix personnes assises côte à côte ?

La Maison carrée

Ce temple romain, long de 26 m, large de 15 m et haut de 17 m, a été édifié dans le centre de Nîmes en l'an 5. C'est le seul temple de l'Antiquité entièrement conservé. L'architecture de la Maison carrée est inspirée de celle du temple d'Apollon à Rome.

4. La base de la Maison carrée est-elle vraiment un carré ?

5. Sur une feuille unie, trace la base de la Maison carrée en prenant comme dimensions : 26 cm de longueur et 15 cm de largeur.

6. Le fronton de la Maison carrée est un demi-losange que Théo a dessiné ci-contre. Reproduis ce dessin et complète-le pour faire apparaître le losange.

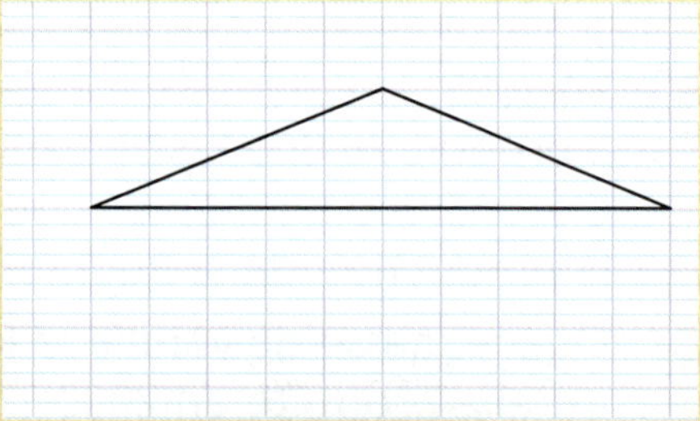

Le pont du Gard

Ce pont-aqueduc romain enjambant le Gardon permettait d'alimenter Nîmes en eau depuis une source située à proximité d'Uzès.
L'eau courante mettait une journée entière pour parvenir à Nîmes.

7. Combien d'heures l'eau mettait-elle pour parvenir à Nîmes ?

Ce pont est construit sur trois étages et domine la rivière avec ses 49 m de hauteur. L'étage supérieur a perdu 12 arches, et mesurait initialement 360 m de longueur.

Étage	Nombre d'arches actuel	Longueur actuelle
inférieur	6	144 m
moyen	11	243 m
supérieur	35	275 m

8. Au temps des Romains, combien d'arches l'étage supérieur possédait-il ?
9. De combien de mètres la longueur de l'étage supérieur a-t-elle été réduite ?
10. Quelle est la largeur d'une arche de l'étage inférieur : 20 m ? 23 m ? 24 m ? 25 m ?

Le travail des bâtisseurs romains est remarquable. En s'approchant, on constate la précision des assemblages : chaque bloc, en forme de pavé, dont certains pèsent 6 000 kg, est lié aux autres par des agrafes de fer.
On suppose que la construction a duré une dizaine d'années, avec 800 à 1 000 ouvriers en permanence sur le chantier.

11. Quelle unité de masse est utilisée dans ce texte ?
12. Parmi ces blocs de pierre, lequel est un cube ?

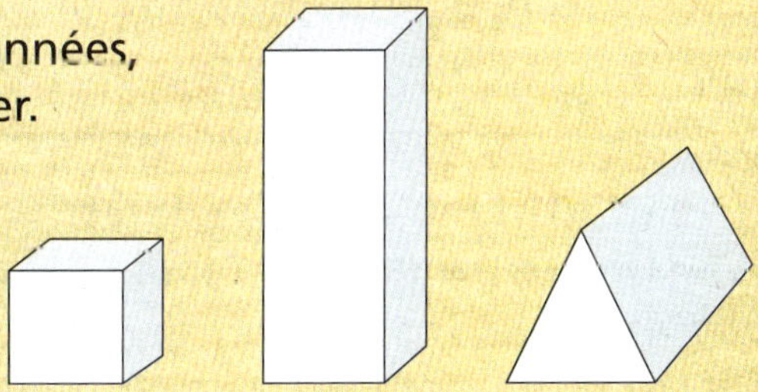

A B C

La voie Domitienne (*Via Domitia*)

C'est une voie romaine, passant par Nîmes, construite pour relier l'Italie à l'Espagne, longue de 338 milles (1 mille romain = 1 481 mètres). De la frontière italienne jusqu'au Rhône, elle mesure 192 milles.

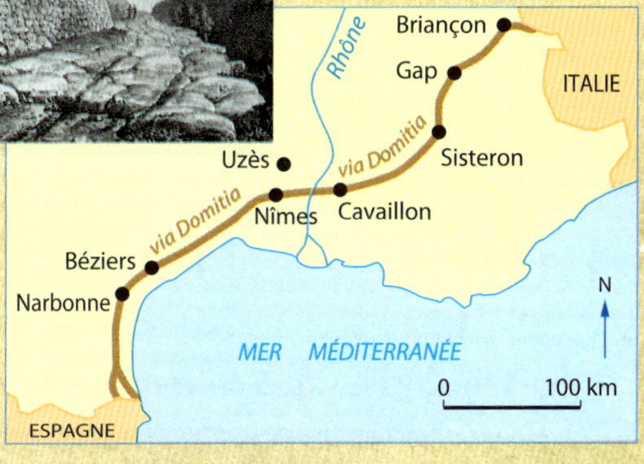

13. Quelle est, en milles, la longueur de cette voie entre le Rhône et la frontière espagnole ?

PHOTOFICHES 91, 92

85

J'ai appris à... | Et retiens !

... mesurer une masse avec différentes balances.

Ces pommes de terre pèsent 1 kg 100 g.

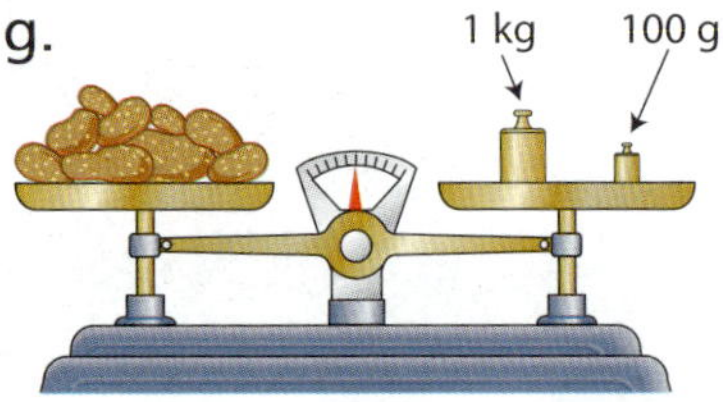

N'oublie pas : 1 kg = 1 000 g

... reconnaître, décrire, nommer, reproduire et tracer un triangle rectangle.

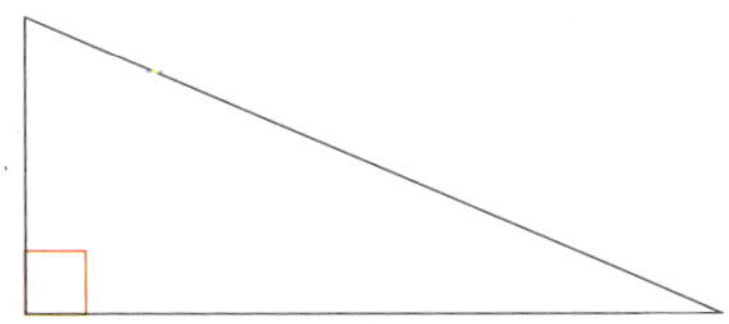

Un triangle rectangle possède un angle droit.
Je le trace en utilisant une équerre.

... résoudre des situations de groupement ou de partage.

Tu divises 52 par 6.

$$52 = 6 \times 8 + 4$$

6 est le **diviseur** ; 8 est le **quotient** ; 4 est le **reste**.

Le **reste** doit toujours être **plus petit** que le **diviseur** : **4 < 6**.

... reconnaître, décrire, nommer, reproduire et tracer un losange.

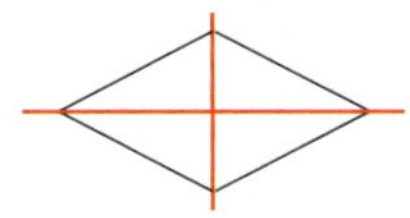

Un losange est un quadrilatère qui possède :
- 4 côtés de même longueur ;
- 2 axes de symétrie.

... utiliser un calendrier.

Une **semaine**, c'est 7 jours.

Un **mois**, c'est 28, 29, 30 ou 31 jours.

Une **année**, c'est :
- 365 jours ou 366 jours les années bissextiles ;
- 12 mois.

Une **date** peut s'écrire :

en chiffres	ou	en lettres
12 / 01 / 2015	→	12 janvier 2015

... reconnaître, décrire et nommer un solide.

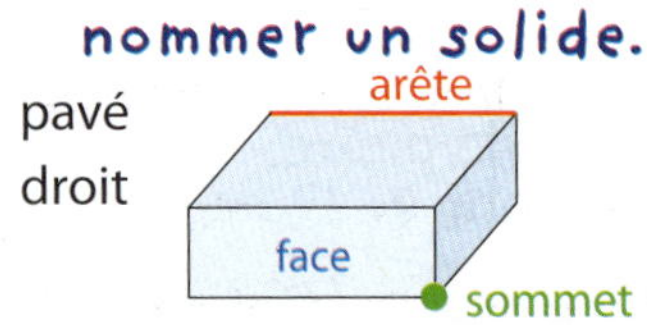

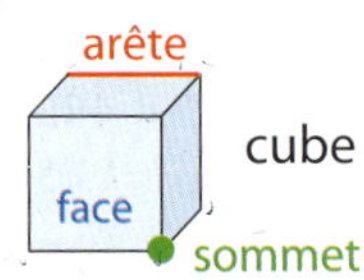

- Les faces d'un pavé droit sont des rectangles ou des carrés.
- Toutes les faces d'un cube sont carrées.
- Ces solides ont 6 faces, 8 sommets et 12 arêtes.

... reconnaître les multiples d'un nombre.

$3 \times 4 = 12$ $3 \times 7 = 21$ $3 \times 10 = 30$ $3 \times 20 = 60$

12, 21, 30, 60... sont des multiples de 3.

Les multiples de **5** se terminent par **0** ou **5**. Les multiples de **2** sont les nombres **pairs**.

86 Je fais le point (8)

socle commun

1 a. **Écris** de deux façons la masse des oranges.

.... kg .... g

ou .... g

b. Ces tomates pèsent 1 kg 300 g.
Recopie les masses utilisées.

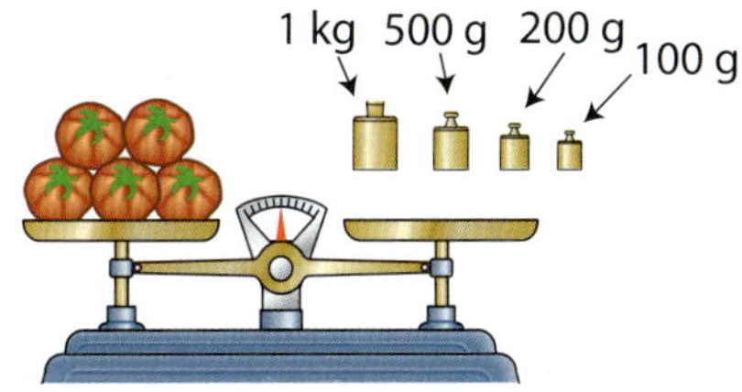

2 **Écris** les noms des trois figures colorées.

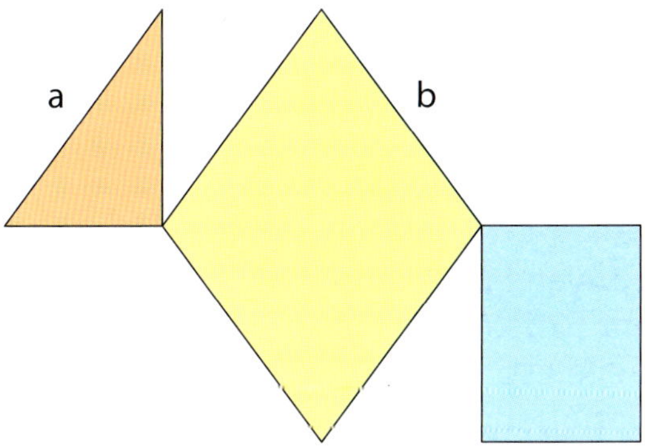

Pour chaque figure, **écris** une phrase pour justifier ta réponse.

3 Maman partage 35 perles entre ses 4 filles.
Combien de perles recevra chacune d'elles ?

35 = 4 × .... + ...

Chacune recevra .... perles.
Il restera .... perles.

4 Lucas partage 48 cerises entre ses 5 amis.
Combien de cerises recevra chacun des amis ?
Écris l'égalité qui permet de calculer le nombre de cerises de chacun et **réponds** à la question.

5 a. **Complète**.
Un pavé droit possède :
.... sommets, ... faces et .... arêtes.

b. **Réponds** par VRAI ou FAUX.
– Un cube n'a que des faces carrées.
– Un pavé droit n'a que des faces carrées.

6 a. **Écris** cette date en lettres :
15/11/2000.

b. **Écris** cette date en chiffres :
23 octobre 2016.

7 **Recopie** et **entoure** :
– en **bleu** les multiples de **2** ;
– en **rouge** les multiples de **5**.

30 ; 19 ; 92 ; 155 ; 981 ; 1 000

8 Mardi, 87 élèves ont mangé au restaurant scolaire.
Il y avait 16 élèves de plus que lundi.
Combien d'élèves ont mangé au restaurant scolaire lundi ?

87 Des problèmes pour découvrir le monde (4)

COMPÉTENCE : Appliquer ses connaissances au monde qui nous entoure.

1 Une reine et ses sujets

Une ruche contient environ 40 000 abeilles et une seule reine.
Une ruche produit environ 24 kg de miel par an. Un apiculteur possède 23 ruches.

a. Combien d'abeilles possède-t-il ?

b. Combien de miel peut-il espérer récolter dans l'année ?

2 Toutes voiles dehors !

Ce tableau donne les temps de traversée de l'Atlantique Nord en bateau à voiles (de New York à Ouessant).

Calcule en heures chacune des durées.

Année	Navigateur	Temps
1905	Charlie Barr	12 jours 4 heures
1980	Tabarly	10 jours 5 heures
1990	Serge Madec	6 jours 13 heures
2007	Franck Cammas	4 jours 4 heures
2009	Pascal Bidegorry	3 jours 15 heures

3 Une précision d'horloge

Les tortues des mers pondent sur les plages tout au long de l'année.
Sur la plage, les femelles commencent leur travail vers 18 h pour achever leur ponte une heure et demie plus tard.
À Bora Bora, une île de Polynésie, les nids observés comptent environ 90 œufs.
Les œufs vont incuber dans le sable environ 60 jours avant l'éclosion des petites tortues.

a. Vers quelle heure ces tortues finissent-elles de pondre ?

b. Si le jour de la ponte est le 20 novembre, quand naîtront les petites tortues ?

c. Sur la plage, on compte 15 nids. Combien d'œufs environ ont été pondus ?

4 La France et ses habitants

Voici la population de cinq départements français aux recensements de 1999 et de 2006.

	1999	2006
Lozère	73 509	76 800
Ardennes	290 130	285 653
Guadeloupe	422 486	400 736
Guyane	157 213	205 954
Orne	292 337	292 879

a. Lesquels ont vu leur population augmenter ? De combien d'habitants ?

b. Lesquels ont vu leur population diminuer ? De combien d'habitants ?

c. Range ces départements du plus peuplé au moins peuplé en 2006.

5 Les frontières de la Guyane

La Guyane possède 1 220 km de frontières dont 520 km avec le Surinam.
Quelle est la longueur de sa frontière avec le Brésil ?

6 De belles inventions !

Nicéphore Niepce inventa la photographie en 1826, Thomas Edison la lampe électrique en 1879 et les frères Lumière le cinéma en 1895.
Quel est, aujourd'hui, l'âge de chacune de ces inventions ?

7 Terre ! Terre !

Lorsqu'il aperçoit le continent américain, le 12 octobre 1492, après 70 jours de navigation, Christophe Colomb est persuadé d'arriver aux Indes.
Quel jour a-t-il quitté son port d'embarquement, Palos, en Espagne ?

Période 5

Cherche dans le dessin des détails illustrant les notions étudiées dans la période.
Retrouve Mathéo la mascotte.

	Leçons		*Leçons*
• Construire un cercle avec un compas.	88	• Utiliser les touches des opérations de la calculatrice.	100
• Connaître et utiliser les expressions : moitié ou demi, quart, triple d'un nombre entier.	89, 94	• Connaître les unités de mesure de masse.	91
• Connaître une technique opératoire de la division.	90, 92, 93	• Connaître les unités de mesure de capacité.	98
• Connaître et utiliser certaines relations entre les nombres d'usage courant.	94	• Utiliser les instruments pour mesurer des longueurs, des masses, des capacités...	95, 101
		• Résoudre des problèmes relevant des quatre opérations.	99, 102, 103, 106

PHOTOFICHES 93, 94

88 Construire un cercle

COMPÉTENCES : Construire un cercle avec un compas.
Découvrir les informations utiles à la reproduction d'un cercle.

Calcul mental

Complément à 100.
70 + ... = 100

Je cherche

A **Marque** un point rouge **O** sur ton cahier. À l'aide de ta règle graduée, **marque** trois points **A, B, C** à 4 cm du point **O**.

Place la pointe de ton compas sur le point **O**.
Écarte le crayon de ton compas pour qu'il touche le point **A**.
Trace le cercle avec ton compas.

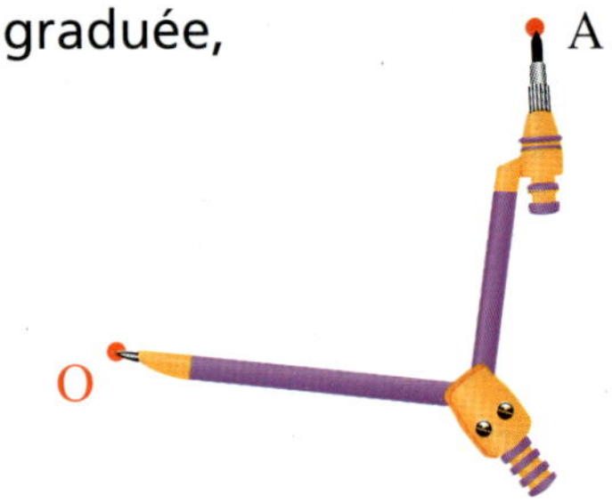

• B

Les points **A, B** et **C** sont-ils sur le cercle ?

Trace les segments **OA, OB** et **OC**.
Ce sont des rayons du cercle.
Compare leurs longueurs.

• C

Marque d'autres points **D, E, F**… sur le cercle.
À quelle distance du centre **O** se trouvent-ils ?

B Voici une rosace à six branches. Pour construire une rosace, **utilise** ton compas et **suis** les indications de Mathéo.

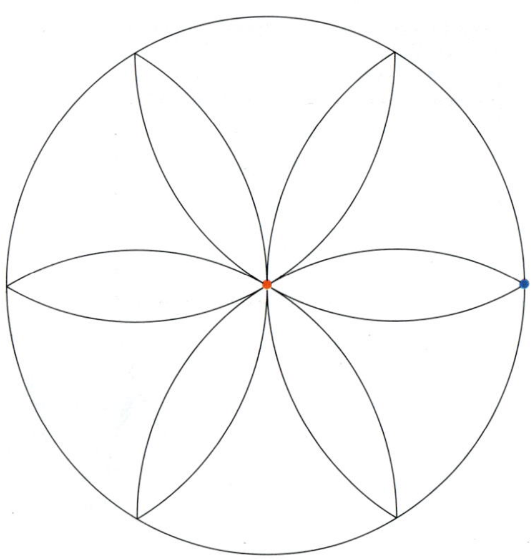

Mémo

Tous les points d'un cercle sont à la même distance du centre. Cette distance correspond à la longueur du rayon du cercle.

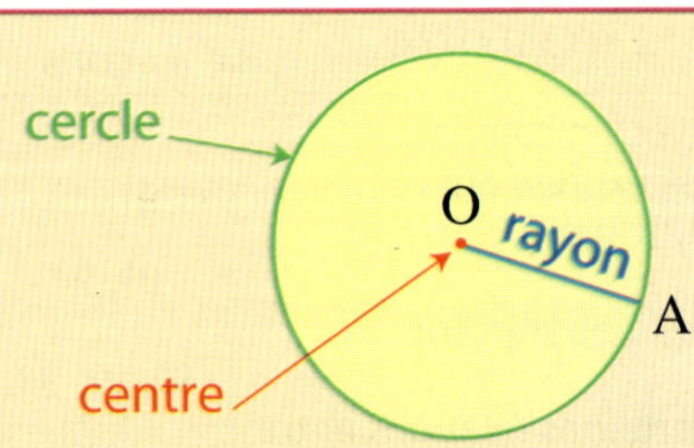

Je m'entraîne

1 **Recopie** et **complète** avec les mots suivants :
rayons – centre – cercle – longueur.

La ligne rouge est un .....
Le point **O** est le .... du cercle.
Les segments **OA** et **OB** sont des .... de ce cercle.
Tous les rayons d'un cercle ont la même .....

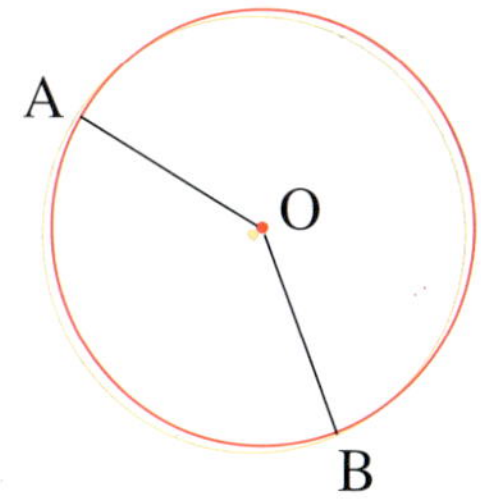

2 **Marque** un point rouge sur ton cahier.
Marque six points différents à 3 cm 5 mm du point rouge.

3 **Marque** un point **A** sur ton cahier.
Trace un cercle de centre **A** et de rayon 3 cm.
Trace un autre cercle de même centre et de rayon 4 cm.

4

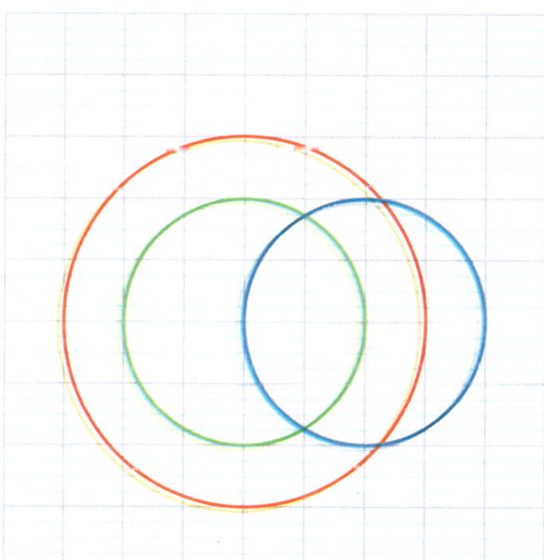

a. Quelles sont les couleurs des cercles de même rayon ?
Quelles sont les couleurs des cercles de même centre ?

b. Reproduis cette figure sur ton cahier.

5 **Reproduis** la figure ci-dessous avec ta règle et ton compas.

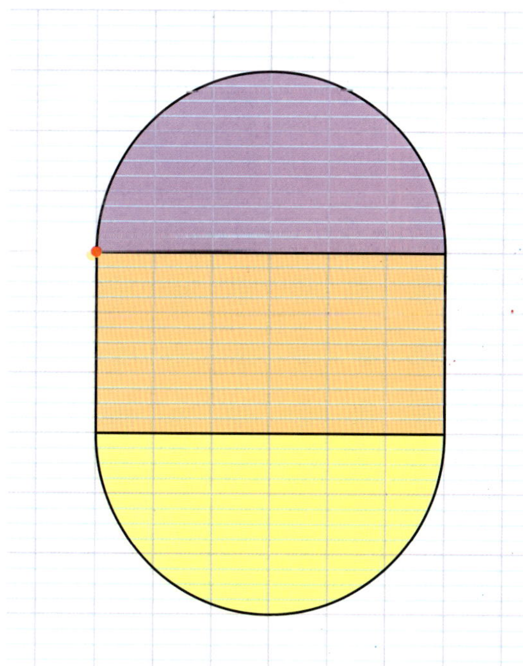

6 *J'ai déjà appris*

Observe et **calcule** selon l'exemple.

15 × 3 = 15 × 2 + 15
15 × 3 = 30 + 15
15 × 3 = 45

12 × 3
14 × 3
25 × 3
35 × 3

Le coin du chercheur

Pour écrire en lettres les nombres de 1 à 100, quel mot utilise-t-on le plus : quatre ou vingt ?

PHOTOFICHE 95

89 Demi ou moitié, quart

COMPÉTENCES : Connaître et utiliser les expressions moitié ou demi, quart.

Calcul mental

Complément à 100.

85 + ... = 100

Je cherche

A **a. Découpe** deux bandes de papier de 12 carreaux de long et de 1 carreau de large comme le modèle ci-dessous.

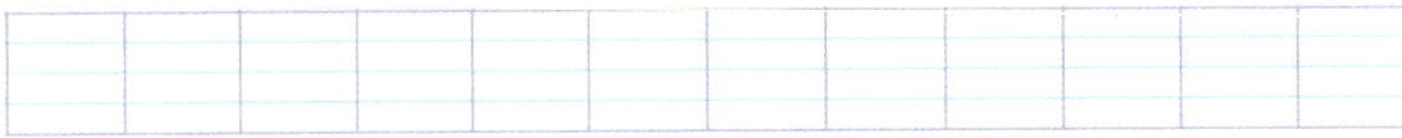

b. Plie l'une des bandes en deux, dans le sens de la longueur. **Découpe**-la en suivant le pli. Tu obtiens **deux moitiés** de bande ou deux demi-bandes.

Recopie et **complète**.

Une moitié de bande mesure .... carreaux. .... est la moitié ou le demi de 12.
Prendre la moitié d'un nombre, c'est le diviser par.....

c. Plie l'autre bande en quatre. **Découpe**-la en suivant les plis.
Tu obtiens **quatre quarts** de bande.

Recopie et **complète**.

Un quart de bande mesure .... carreaux. .... est le quart de 12.
Prendre le quart d'un nombre, c'est le diviser par.....

B **Écris**, quand c'est possible, la moitié puis le quart des nombres suivants.

12 ; 16 ; 17 ; 28 ; 30 ; 60.

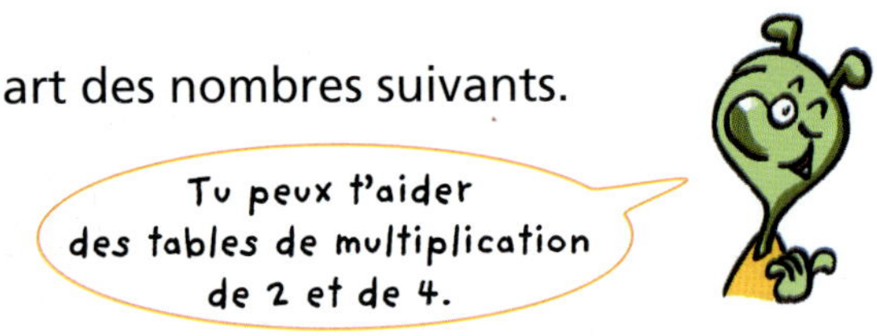

Je m'entraîne

1 **Recopie** et **complète** selon l'exemple.

72 = 18 × 4 → Le quart de 72 est 18.
54 = 27 × 2 → La moitié de .... est ....
64 = 16 × 4 → Le quart de .... est ....

2 Julie possède 64 images.
Karima en a la moitié et Luc le quart.
Combien d'images possède Karima ?
Combien d'images possède Luc ?

3 Un kilogramme, c'est 1 000 g.
Recopie et **complète**.
Un demi-kilogramme, c'est .... g.
Un quart de kilogramme, c'est .... g.

4 Une heure, c'est 60 minutes.
Recopie et **complète**.
Une demi-heure, c'est .... minutes.
Un quart d'heure, c'est .... minutes.

5 Une place de cirque coûte 26 €. Les enfants paient demi-tarif.
Jules est allé au cirque avec son papa. Combien ont-ils payé ?

6 *J'apprends à calculer*

Observe et **calcule** selon l'exemple.

11 = 10 + 1
14 × 11 = 14 × 10 + 14
14 × 11 = 140 + 14 = 154

a. 12 × 11
15 × 11
18 × 11

b. 46 × 11
50 × 11
54 × 11

PHOTOFICHES 96, 97

90 Multiples et division (2)

Calcul mental
Tables de multiplication par 6 et par 8.
6 × 5

COMPÉTENCE : Associer la division à un encadrement du dividende entre deux multiples successifs du diviseur.

Je comprends

A Le professeur de tennis partage 27 balles entre ses 4 élèves.
Il regarde entre quels nombres de la table de multiplication par 4 s'intercale 27.

24 < 27 < 28
4 × 6 < 27 < 4 × 7
27 = 4 × 6 + 3

Pour donner 7 balles à chacun, il en faudrait 28 !

4 × 5 = 20	
4 × 6 = 24	← 27
4 × 7 = 28	
4 × 8 = 32	

Recopie et **complète**.
Chacun aura .... balles et il en restera .....
.... est le quotient de la division de 27 par 4.
.... est le reste de la division de 27 par 4.

B Nicolas veut diviser 53 par 4.
Il connaît la table de 4 seulement jusqu'à 40.
Il cherche alors à s'approcher de 53 en additionnant des multiples de 4 qu'il connaît.

53 = 40 + 13
53 = 40 + 12 + 1
53 = 4 × 10 + 4 × 3 + 1
53 = 4 × .... + 1

Aide-toi de la décomposition suivante pour calculer.
4 × 10 + 4 × 3

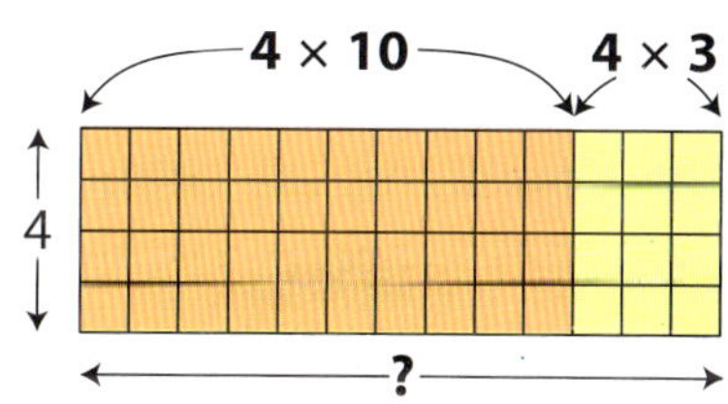

Quel est le quotient de la division de 53 par 4 ?
Quel est le reste de la division de 53 par 4 ?

Je m'entraîne

1 a. **Écris** les deux multiples de 4 qui se suivent et qui encadrent 35.
Recopie et **complète** : .... < 35 < ....
4 × .... < 35 < 4 × ....

b. **Calcule** le quotient et le reste de la division de 35 par 4.

c. **Recopie** et **complète**.
35 = 4 × .... + ...

2 a. **Écris** les multiples de 7 compris entre 70 et 105.
Quel est le plus grand multiple de 7 qui précède 95 ?

b. **Calcule** le quotient et le reste de la division de 95 par 7.

c. **Recopie** et **complète**.
95 = 7 × .... + ...

3 *J'ai déjà appris*

Trace un triangle rectangle.
Les côtés de l'angle droit mesurent chacun 5 cm.

Le coin du chercheur

Mon frère a une sœur, ma sœur a deux frères.
Combien sommes-nous d'enfants ?

PHOTOFICHE 98

91 Unités de masse

COMPÉTENCES : Connaître et convertir les unités de masse (kg et g).
Ajouter ou retrancher des masses.

Calcul mental

Double d'un nombre.
Double de 12

Je cherche

A Sandy a pêché une brème de 950 g, une carpe de 1 kg 150 g et un brochet de 1 kg 90 g.

Pour savoir quel est le plus gros poisson, **écris** en grammes la masse de la carpe et celle du brochet.

Écris les masses de ces trois poissons par ordre croissant.

B **Calcule** la masse totale de ces trois poissons.

Je m'entraîne

1 **Recopie** et **complète** selon l'exemple.

1 kg 450 g	1 450 g
....	2 340 g
5 kg 200 g	....
....	3 080 g
2 kg 50 g	....

2 Éva a acheté 650 g de myrtilles et 1 kg 500 g de framboises pour préparer de la confiture aux fruits rouges.
Calcule la masse totale de ces fruits.

3 Combien pèse chaque enfant ?

48 kg 500 g

26 kg 350 g

4 Olivier achète un rôti pour 6 personnes. Il prévoit environ 150 g de viande par personne. Il a le choix entre un rôti de 1 kg et un autre de 1 kg 300 g.
Lequel va-t-il acheter ? Pourquoi ?

5 *J'apprends à calculer*

Observe et **calcule** selon l'exemple.
5 est la moitié de 10
14 × 5, c'est la moitié de 14 × 10
14 × 10 = 140 → 14 × 5 = 70

a. 16 × 5
26 × 5
48 × 5

b. 17 × 5
27 × 5
47 × 5

Mémo

Pour comparer ou ajouter des masses, tu dois d'abord les exprimer avec la **même unité**.

2 kg 50 g > 1 950 g car 2 050 g > 1 950 g

PHOTOFICHE 99

92 La division posée (1)

COMPÉTENCE : Calculer le quotient et le reste de la division euclidienne par un calcul posé (quotient et diviseur inférieurs à 10).

Calcul mental

Moitié d'un nombre.
Moitié de 12

Je cherche

A Sophie calcule 61 divisé par 7.
Elle pose la division.
Observe ses calculs.

	6 1	7
8 × 7 →	− 5 6	8
	5	

$7 \times 5 = 35$
$7 \times 6 = 42$
$7 \times 7 = 49$
$7 \times 8 = 56$ ← 61
$7 \times 9 = 63$

Quel est le diviseur ?
Quel est le quotient ?
Quel est le reste ?

Recopie et **complète** l'égalité.

61 = 7 × .... + ...

Je vérifie que le reste est plus petit que .....

B **Effectue** cette division comme Sophie.

	7 1	8
−	....	....
	....	

Quel est le quotient ? Quel est le reste ?

Recopie et **complète** : 71 = 8 × .... + ...

C **Pose** et **effectue** 40 divisé par 5.

Quel est le quotient ? Quel est le reste ?

Recopie et **complète** : 40 = 5 × .... + ...

Vérifie que le reste est plus petit que le diviseur.

Je m'entraîne

1 **Recopie** et **effectue** les opérations. **Recopie** et **complète** les égalités.

a.

2 1	4

21 = 4 × .... + ...

2 7	3

27 = 3 × .... + ...

b.

5 0	6

50 = 6 × .... + ...

6 8	8

68 = 8 × .... + ...

2 **Pose** et **effectue** les opérations. **Recopie** et **complète** les égalités.

a. 34 divisé par 5
34 = 5 × .... + ...

b. 51 divisé par 7
51 = 7 × .... + ...

3 Mamadou possède une boîte de Lego contenant 49 roues. Il construit des camions à 6 roues. Combien peut-il en construire ?

4 *J'ai déjà appris*

Recopie les multiples de 4.

18 20 30 36 48 50 55 60

Le coin du chercheur

Quelle est la couleur de la pièce qui a été placée en premier dans la boîte ? en dernier ?

93 La division posée (2)

COMPÉTENCE : Calculer le quotient et le reste de la division euclidienne par un calcul posé (quotient supérieur à 10).

Calcul mental
Table de multiplication par 7.
7 × 6

Je cherche

A Tante Nina partage 94 € entre ses 4 neveux.
Elle possède 9 billets de 10 € et 4 pièces de 1 €.

Observe et **réponds** aux questions.
Elle partage d'abord les 9 billets.
Combien de billets chaque neveu reçoit-il ?
Combien de billets reste-t-il à Nina ?

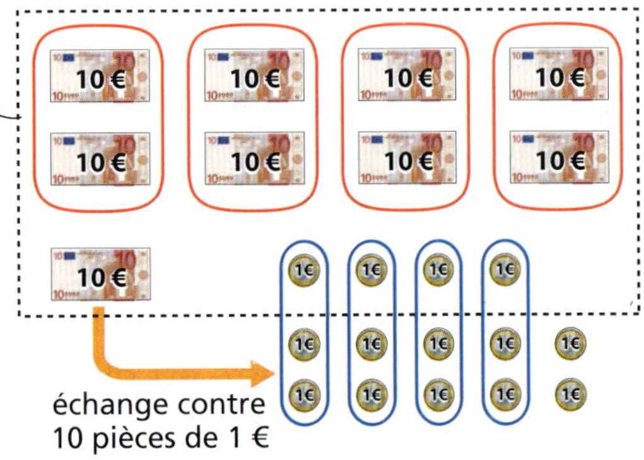

Nina échange le billet qui lui reste contre 10 pièces de 1 €.
Combien de pièces Nina a-t-elle en tout ?
Combien de pièces chaque neveu reçoit-il ?
Combien de pièces reste-t-il à Nina ?
Combien d'euros chaque neveu reçoit-il ? Combien d'euros ne sont pas partagés ?

B Maxime montre à tante Nina comment arriver au même résultat en posant une division.
Observe la division.
Recopie et **complète** la phrase de Maxime.

Je partage d'abord les dizaines.
En 9, combien de fois 4 ? Il y va 2 fois.
2 × 4 = 8 ; j'écris le 8 sous le 9.
9 – 8 = 1. Il reste 1 dizaine.

9	4	4
– 8		2
1		

Je continue avec les unités. J'abaisse le 4.
J'ai encore 1 dizaine et 4 unités à partager.
En 14, combien de fois 4 ? Il y va .... fois.
.... × 4 = ... ; j'écris .... sous le 14.
14 – .... = ... Il reste .... unités.

9	4	4
– 8	↓	2 3
1	4	
– 1	2	
0	2	

94 est plus grand que 4 × 10 = 40. Le quotient aura donc plus d'un chiffre.

Recopie et **complète**.
Le quotient de 94 divisé par 4 est .... et le reste est .....
Je vérifie : 94 = 4 × .... + ... ; le reste .... est plus petit que le diviseur .....

C À ton tour, **pose** et **effectue**.
a. 68 divisé par 3
b. 90 divisé par 5
c. 70 divisé par 4

Mémo

7	4	3
– 6	↓	2 4
1	4	
– 1	2	
	2	

74 divisé par 3
diviseur : 3 **quotient : 24** **reste : 2**
74 = 3 × 24 + 2

Je m'entraîne

1 **Pose** puis **effectue** ces divisions.

a. 9 4 | 7

b. 6 7 | 3

c. 9 6 | 8

Recopie et **complète**.

a. 94 = 7 × .... + ...
quotient : .... reste : ....

b. 67 = 3 × .... + ...
quotient : .... reste : ....

c. 96 = 8 × .... + ...
quotient : .... reste : ....

2 **Pose** et **effectue**.

a. 82 divisé par 7

b. 75 divisé par 4

Recopie et **complète**.

82 = 7 × .... + ...
quotient : .... reste : ....

75 = 4 × .... + ...
quotient : .... reste : ....

3 Un hexagone a un périmètre de 78 cm.
Tous ses côtés ont la même longueur.
Quelle est la longueur d'un côté ?

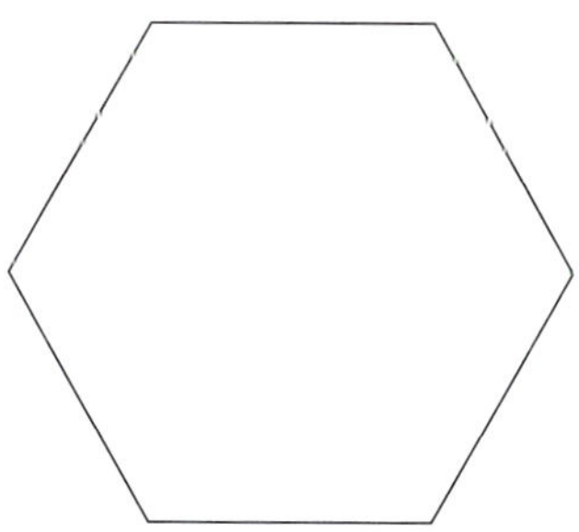

4 Julien possède 85 €.
Combien de BD à 7 € peut-il acheter ?
Combien lui restera-t-il ?

5 Onze enfants participent à une fête. Ils achètent un paquet de bonbons qu'ils se partagent.
Chacun reçoit 5 bonbons. Il reste 7 bonbons au fond du paquet.
Combien de bonbons contenait le paquet ?

6 *J'ai déjà appris*

Deux cercles ont le même centre.
L'un a 4 cm de rayon, l'autre 5 cm de rayon.
Trace-les.

Le coin du chercheur

À nous deux, nous avons 20 ans et j'ai deux ans de plus que toi.
Quel est l'âge des 2 enfants ?

PHOTOFICHES 101, 102

94 Relations entre les nombres

COMPÉTENCE : Connaître les relations entre les nombres d'usage courant.

Calcul mental

Complément à 1 000.

800 + ... = 1 000

Je cherche

A **Recopie** et **complète** chaque égalité avec deux de ces nombres.

Tu peux utiliser plusieurs fois le même nombre.

45 — 30 — 25 — 3 — 75 — 2 — 50 — 4 — 20 — 15

100 = ... + ...	100 = ... ×	60 = ... + ...	60 = ... × ....
100 = ... + ...	100 = ... ×	60 = ... + ...	60 = ... × ....

B **Recopie** et **complète**.

25 + 25 = ...	25 + 25 + 25 = ...	25 + 25 + 25 + 25 = ...
25 × 2 = ...	25 × 3 = ...	25 × 4 = ...
.... est le double de 25	.... est le triple de 25	.... est le quadruple de 25
25 est la moitié de	25 est le tiers de	25 est le quart de ....

Je m'entraîne

1 a. **Recopie** les étiquettes égales à 75.

b. **Recopie** les étiquettes égales à 30.

double de 15 — moitié de 150 — 100 – 25 — 25 + 25 — 15 + 15 — double de 150 — triple de 25 — triple de 10 — 150 – 75 — quart de 120 — moitié de 100 — 100 – 25 — moitié de 60 — 60 – 30 — 50 + 25

2 Chaque joueur énonce son nombre de points.

a. **Écris** ces nombres.

b. Qui a gagné ?

Moitié de 120 !

Marion

Le triple de 15.

Alexandre

Le quart de 100.

Charlotte

Le double de 30.

Julia

95 Problèmes Construire et utiliser un calendrier

COMPÉTENCES : Construire et utiliser un calendrier.

Calcul mental

Complément à 1 000.

950 + ... = 1 000

Octobre 2015						
lundi	mardi	mercredi	jeudi	vendredi	samedi	dimanche
			1	2	3	4
5	6	7	8	9	10	11
		14	15	16	17	18
			22	23	24	25
				30	31	

1 Quel jour de la semaine est le :
- 1er octobre 2015 ?
- 10 octobre ?
- 19 octobre ?

2 Charles part en stage le 1er octobre 2015. Son stage dure une semaine. Quel jour se termine son stage ?

3 Silvio joue au tennis tous les samedis du mois d'octobre 2015.
Écris ces dates.
Combien de fois joue-t-il au tennis dans le mois ?

4 Laure fait du judo tous les mardis soir du mois d'octobre 2015.
Écris ces dates.
Combien de fois fait-elle du judo dans le mois ?

5 **Écris** les 3 derniers jours du mois de septembre 2015.
Quel jour de la semaine est le 23 septembre ?

6 **Écris** les 3 premiers jours du mois de novembre 2015.
Quel jour de la semaine est le 8 novembre ?

7 **Écris** les jours de la semaine qui correspondent aux dates suivantes :
- 14/10/2015
- 21/10/2015
- 02/11/2015
- 29/09/2015

PHOTOFICHES 104, 105

96

J'ai appris à… Et retiens !

… construire un cercle.

Pour tracer un cercle, tiens convenablement ton compas.
Ne modifie pas l'écartement des branches du compas.

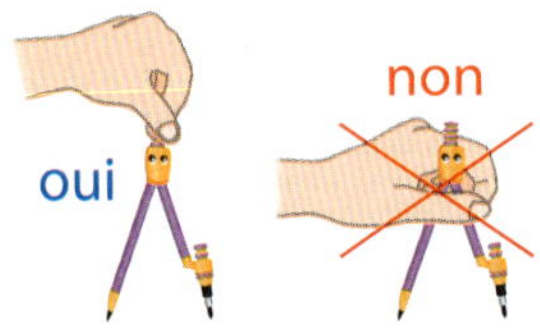

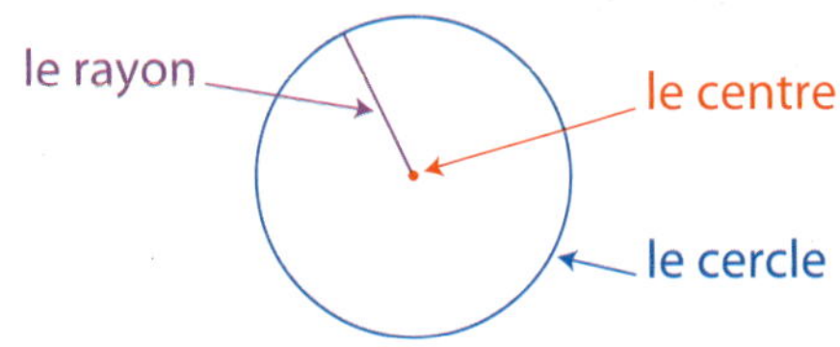

… calculer le demi (ou la moitié) et le quart d'un nombre.

Prendre **la moitié** d'un nombre, c'est le **diviser par 2**.
64 = 32 × 2 → La moitié de 64 est 32.

Prendre **le quart** d'un nombre, c'est le **diviser par 4**.
84 = 21 × 4 → Le quart de 84 est 21.

… encadrer un nombre entre deux multiples.

Pour diviser un nombre, tu l'encadres entre deux multiples qui se suivent :

57 divisé par 8
8 × 7 < 57 < 8 × 8

57 = 8 × 7 + 1
(8 : diviseur ; 7 : quotient ; 1 : reste)

8 × 6 = 48
8 × 7 = 56 ← 57
8 × 8 = 64

… connaître et convertir les unités de masse.

1 kg = 1 000 g

Pour ajouter ou comparer des masses, tu dois d'abord les exprimer avec la même unité.
2 kg + 520 g = 2 000 g + 520 g
2 kg + 520 g = 2 520 g

… connaître les relations entre les nombres : 15, 30… et 25, 50…

30 est le double de 15
45 est le triple de 15
100 est le quadruple de 25

50 est la moitié de 100
25 est le tiers de 75
25 est le quart de 100

… calculer le quotient et le reste de la division par un calcul posé (quotient et diviseur inférieurs à 10).

		6	7	7
9 × 7 →	−	6	3	9
			4	

Le quotient de 67 divisé par 7 est 9.
Le reste est 4. Tu vérifies :
67 = 7 × 9 + 4
Le reste 4 est plus petit que le diviseur 7.

… calculer le quotient et le reste de la division par un calcul posé (quotient supérieur à 10).

	8	9	7	
−	7	↓	1	2
	1	9		
−	1	4		
		5		

Le quotient de 89 divisé par 7 est 12.
Le reste 5 est plus petit que le diviseur 7.
Tu vérifies : 89 = 7 × 12 + 5

97 Je fais le point (9)

socle commun

1 **Construis** cette figure.
Les deux cercles ont un rayon de 4 cm.

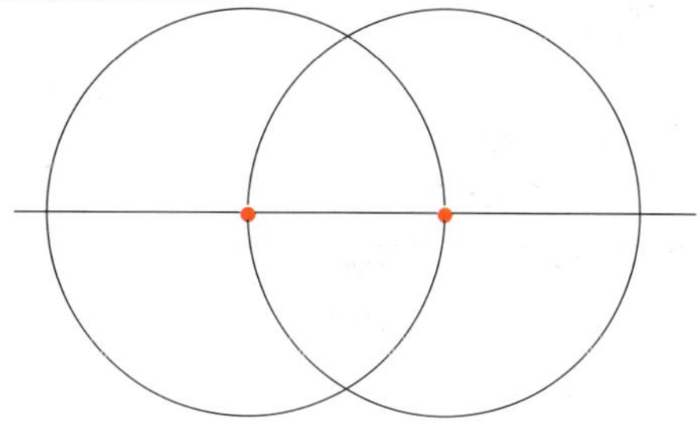

---

2 **Trouve** :
a. la moitié de ces nombres ;
b. le quart de ces nombres.

20	36	12	40	80	100

---

3 **Écris** les deux multiples de 6 qui se suivent et qui encadrent 53 :

.... < 53 < ....

Calcule le quotient et le reste de la division de 53 par 6.

53 = 6 × .... + ...

Le quotient est : .... Le reste est : ....

4 **Calcule**.

a. 1 kg 550 g + 700 g = ... g

b. 2 kg 300 g + 900 g = ... g

c. 1 kg 500 g – 600 g = ... g

---

5 **Recopie** puis **effectue** les divisions et **complète** les égalités.

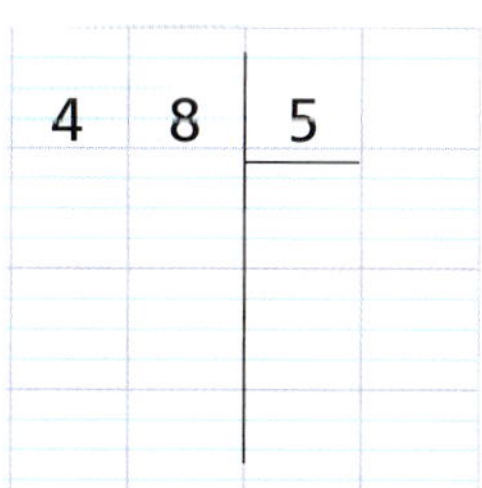

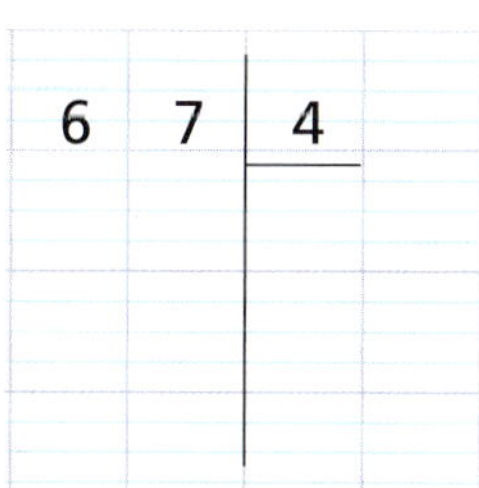

48 = 5 × .... + ...

67 = 4 × .... + ...

6 **Pose** et **effectue**.

a. 87 divisé par 7.

b. 60 divisé par 5.

---

7 **Recopie** et **complète**.

a. .... est le double de 25
.... est le triple de 15
.... est le quadruple de 25

b. 50 est la moitié de ....
15 est le quart de ....
25 est le tiers de ....

8 **Utilise** un calendrier.

Novembre 2015						
lundi	mardi	mercredi	jeudi	vendredi	samedi	dimanche
						1
2	3	4	5	6	7	8
9	10					

a. Quel jour de la semaine est le 8 novembre 2015 ?

b. **Écris** les dates des mardis de ce mois de novembre.

98 Mesurer une contenance

PHOTOFICHE 106

COMPÉTENCES : Comparer et mesurer des contenances en L et cL.
Savoir convertir L et cL.

Calcul mental

Ajouter des multiples de 25.

125 + 75

Je cherche

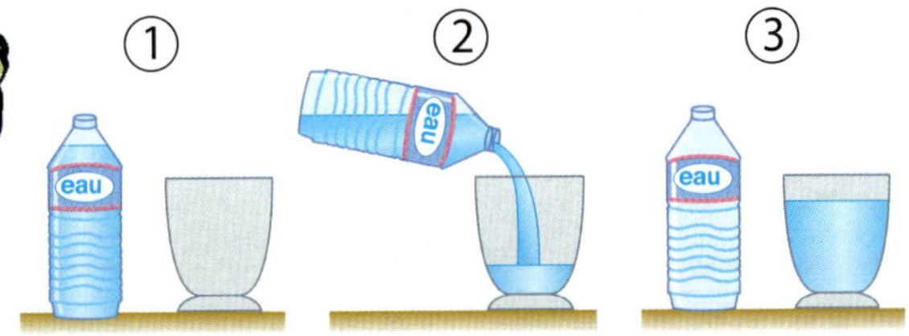

A Quel récipient a la plus grande contenance : la bouteille ou le vase ?

B Pour comparer et mesurer les contenances de quatre récipients, Maria les remplit d'eau avec une bouteille où est inscrit 25 cL. Elle note, dans un tableau, le nombre de bouteilles versées dans chaque récipient et les contenances en cL.

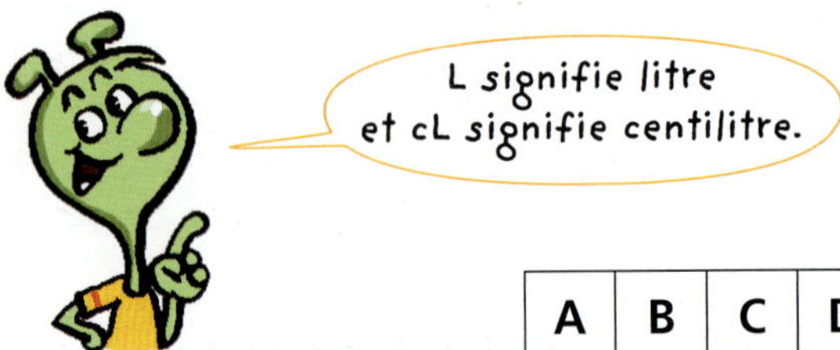

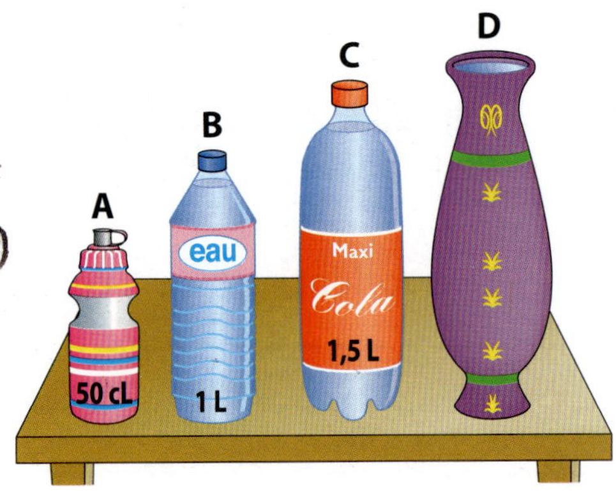

	A	B	C	D
Nombre de bouteilles de 25 cL	2	4	6	7
Contenance en cL	50	?	?	?

Écris la contenance en centilitres des récipients **B**, **C** et **D**.

Recopie et **complète** : 1 L = ... cL

La bouteille **C** a une contenance de .... L .... cL.

Le vase **D** a une contenance de .... L .... cL.

C **Recopie** et **complète** avec L ou cL.

A

12 ....

B

10 ....

C

2 ....

D

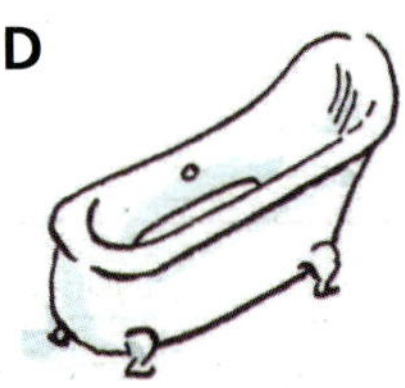

100 ....

E

1 ....

D La contenance d'une bouteille d'eau est la même que celle de 2 bouteilles de 75 cL.
Écris, en cL, puis en L et cL, la contenance de la bouteille d'eau.

Mémo

Pour comparer deux contenances, tu dois les exprimer avec la **même unité**.

1 L 50 cL = 150 cL
2 L 10 cL = 210 cL

150 cL < 210 cL
1 L 50 cL < 2 L 10 cL

Je m'entraîne

1 **Convertis** en cL.

1 L ; 2 L ; 1 L 50 cL ; 2 L 3 cL

2 **Convertis** en L et cL.

300 cL ; 400 cL ; 125 cL ; 205 cL

3 **Range** ces contenances par ordre croissant.

1 L ; 33 cL ; 1 L 50 cL ; 2 L ; 75 cL

4 Combien de bouteilles de 50 cL faut-il pour remplir une bouteille de 2 L ?

5 Une cafetière contient 1 L de café.

Combien de tasses de 10 cL peut-on servir ?

6 Marine prépare un cocktail. Elle verse 1 L 50 cL de jus de fruits, 50 cL de limonade et 25 cL de sirop de citron.

Quelle quantité de cocktail a-t-elle préparée ?

7 On a conseillé à Isaure de boire environ 1 L d'eau par jour. Elle achète cette eau en bouteilles de 33 cL.

Combien de bouteilles doit-elle boire par jour ?

8 Victor ouvre une bouteille de 1 L de lait et remplit trois verres de 15 cL.

Combien reste-t-il de lait dans la bouteille ?

9 Les grandes bouteilles de vin portent des noms particuliers.
Par exemple, le magnum a une contenance de 1,5 L et il faut 2 bouteilles de 75 cL pour le remplir.

Recopie et **complète** le tableau selon l'exemple.

Grande bouteille	Nombre de bouteilles de 75 cL
Magnum (1,5 L)	2
Jéroboam (3 L)	....
Mathusalem (6 L)	....
Salmanazar (9 L)	....

10 *J'ai déjà appris*

Pose et **effectue**.

a. 45 divisé par 3
57 divisé par 4

b. 84 divisé par 7
68 divisé par 8

Le coin du chercheur

Si on m'ajoute 25, puis 50, puis 100, je deviens le quart de 800.
Qui suis-je ?

99 PROBLÈMES
Situations soustractives

COMPÉTENCE : Rechercher la transformation ou l'état initial.

Calcul mental
Retrancher des multiples de 25.
75 – 25

1 Quatre amis jouent au Mégafix. **Observe** leur score.

Au cours de la partie :
– Jeanne a-t-elle gagné ou perdu des points ? Combien ?
– Karim a-t-il gagné ou perdu des points ? Combien ?

Calcule les scores au début de Luna et de Camille.

	Score au début	Score final	Gain	Perte
Jeanne	195	82		
Karim	128	144		
Luna		235	65	X
Camille		120	X	40

2 Voici le tableau des médailles obtenues par certains pays aux Jeux Olympiques de 2004 (Athènes) et à ceux de 2008 (Pékin).

Médailles Olympiques				
Pays	**Total 2004**	**Total 2008**	**Gain**	**Perte**
Chine	63	100	37	X
États-Unis	102	110		
Russie	92	72		
France		40	7	X
Japon		25	X	12

Entre 2004 et 2008 :
– quels pays ont gagné des médailles ?
Écris pour chacun d'eux le nombre de médailles gagnées.

– quels pays ont perdu des médailles ?
Écris pour chacun d'eux le nombre de médailles perdues.

Calcule le nombre de médailles obtenues en 2004 par la France, puis par le Japon.

3 Le réservoir d'un camion a une contenance de 200 L. Il reste du gazole dans le réservoir. Pour faire le plein, le chauffeur ajoute 120 L.
Combien de litres restait-il dans le réservoir ?

4

Il a beaucoup plu. Le niveau de la rivière s'est élevé de 56 cm. Il est maintenant de 128 cm.
Quel était le niveau de la rivière avant les pluies ?

5 Tarkan avait 1 € 25 c dans sa poche. Il a acheté un stylo bille.
Quand il recompte son argent, il trouve 75 c.
Combien coûtait le stylo ?

PHOTOFICHE 107

100 La calculatrice (2)

COMPÉTENCES : Connaître et utiliser la touche ÷ de la calculatrice.

Calcul mental

Toutes les tables de multiplication.
4 × 6

Je cherche

A

Je pense à un nombre.
Je le multiplie par 17 et j'obtiens 323.
Quel est ce nombre ?

Il faut diviser 323 par 17.
Je ne sais pas le faire !

Tu peux effectuer cette division avec ta calculatrice en utilisant la touche diviser ÷.

a. **Dessine** les touches de la calculatrice que tu utilises.
Quel nombre s'affiche sur l'écran ?

b. **Recopie** et **complète** : 323 = 17 × ....
Le quotient de 323 divisé par 17 est ..... Le reste est .....

c. **Vérifie** en effectuant la multiplication avec ta calculatrice.

B

a. **Recopie** et **complète**.
323 = 17 × ....
324 = 17 × .... + 1

Si je divise maintenant 324 par 17, je dois trouver le même quotient et un reste égal à 1. Pourquoi ?

b. **Utilise** la calculatrice pour calculer 324 divisé par 17.
Qu'affiche la calculatrice ?
Le nombre placé à gauche du point est le quotient entier. **Écris** ce quotient.

Le nombre placé à droite du point est-il le reste de cette division ?

Je m'entraîne

1 **Utilise** ta calculatrice pour trouver le quotient de ces divisions.

a. 126 divisé par 7
567 divisé par 9

b. 2 004 divisé par 4
5 661 divisé par 9

2 **Utilise** ta calculatrice pour trouver le quotient entier de ces divisions.

a. 135 divisé par 7
346 divisé par 13

b. 1 230 divisé par 63
6 254 divisé par 42

3 Le club de twirling a acheté 15 bâtons pour 465 €.
Quel est le prix d'un bâton ?

4 *J'ai déjà appris*

Reproduis cette figure sans changer l'écartement du compas.

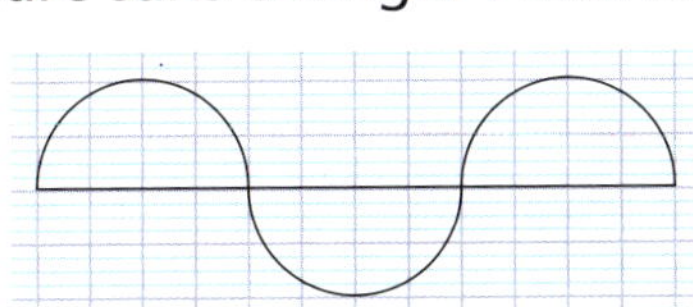

Le coin du chercheur

Si on me retranche deux fois 75, je deviens la moitié de 100.

Qui suis-je ?

101 Utiliser des instruments de mesure

COMPÉTENCE : Encadrer le résultat d'une mesure.

Calcul mental

Multiplier par 20.
12 × 20

Je cherche

A Quelle est la bonne réponse ?
Ce verre doseur contient environ :
a. 40 cL d'eau
b. 60 cL d'eau
c. 50 cL d'eau

B Quelles sont les bonnes réponses ?
L'éprouvette contient :
a. moins de 50 cL d'eau
b. plus de 40 cL d'eau
c. plus de 45 cL d'eau
d. entre 40 cL et 45 cL d'eau

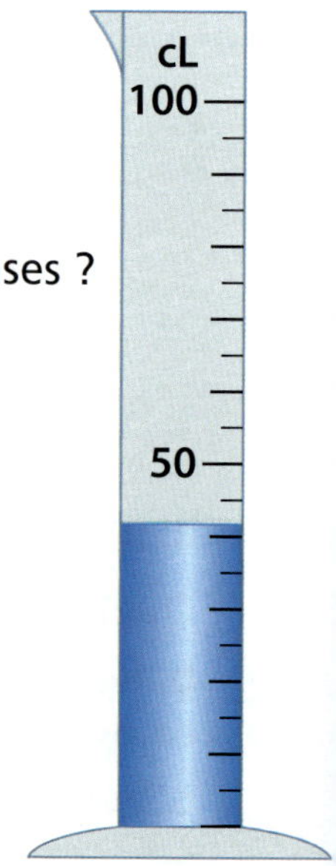

C Quelles sont les bonnes réponses ?
La longueur de la bande verte est comprise entre :
a. 30 cm et 40 cm
b. 35 cm et 40 cm
c. 30 cm et 35 cm

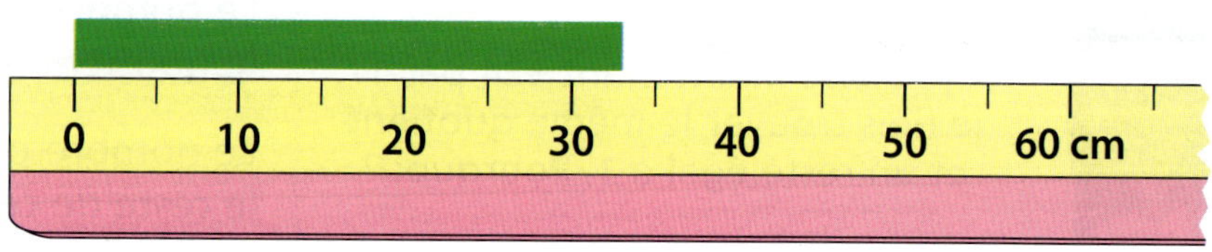

D La petite sœur de Kemal se pèse.
Parmi les valeurs suivantes, **recopie** celle qui correspond à son poids.

19 kg 20 kg 19 kg 500 g

19 kg 600 g 19 kg 400 g

E Quelle est la bonne réponse ?
Cette bouteille contient environ :
a. 25 cL d'eau
b. 50 cL d'eau
c. 75 cL d'eau
d. 1 L d'eau

Je m'entraîne

1 Quelle est la bonne réponse ?
Louis mesure :
a. 1 m
b. 1 m 2 cm
c. 1 m 20 cm
d. 1 m 22 cm
e. 1 m 30 cm

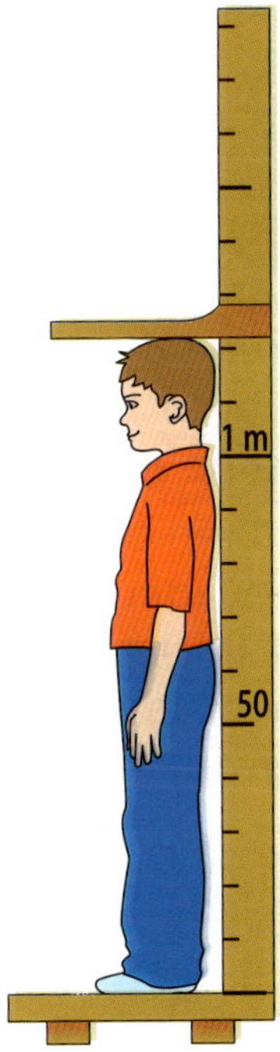

2 Quelle est la bonne réponse ?
La bande verte mesure :
a. moins de 50 cm
b. entre 50 cm et 55 cm
c. plus de 55 cm
d. plus de 60 cm

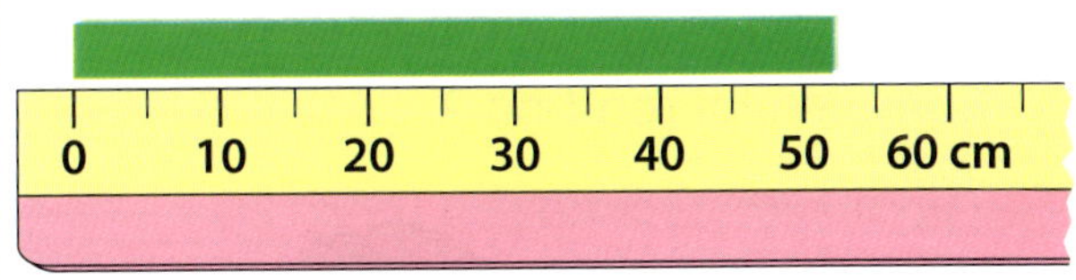

3 Quelle est la bonne réponse ?
La balance indique une masse de :
a. 1 kg
b. 500 g
c. 400 g
d. 900 g

4 Quelle est la bonne réponse ?
Le verre doseur contient entre :
a. 60 cL et 80 cL d'eau
b. 90 cL et 100 cL d'eau
c. 80 cL et 90 cL d'eau

5 Quelle est la bonne réponse ?
L'éprouvette contient environ :
a. 25 cL d'eau
b. 50 cL d'eau
c. 75 cL d'eau
d. 1 L d'eau

6 *J'apprends à calculer*

50 est la moitié de 100
14 × 50, c'est la moitié de 14 × 100
14 × 100 = 1 400 ; 14 × 50 = 700

a. 18 × 50
26 × 50
32 × 50

b. 13 × 50
15 × 50
25 × 50

Le coin du chercheur

Nora a 16 billes et Gaël en a 10.
Combien de billes Nora doit-elle donner à Gaël pour qu'ils en aient autant chacun ?

102 PROBLÈMES utilisant les quatre opérations

COMPÉTENCES : Identifier et résoudre des problèmes additifs, soustractifs, multiplicatifs, de division.

Calcul mental

Dictée de nombres.
2 905

1 a. Marie achète 3 croissants à 80 c l'un et un palmier à 3 €.
Combien doit-elle payer ?

b. Elle paie avec un billet de 10 €.
Combien lui rend-on ?

2 Chaque jour, Élaïs donne 3 biscuits à chacun de ses deux enfants.
Elle achète un paquet de 36 biscuits.

Dans combien de jours le paquet sera-t-il terminé ?

3 Un TGV Paris-Saint-Malo comprend :
– 6 voitures de 1re classe, transportant chacune 61 passagers ;
– 8 voitures de 2e classe, transportant chacune 83 passagers.

Combien ce train peut-il transporter de voyageurs :
– en 1re classe ?
– en 2e classe ?
– en tout ?

4 Dans cette grande feuille jaune, Éva a découpé 5 fiches identiques.

a. Quelle est la largeur d'une fiche ?

b. Quelle est la longueur d'une fiche ?

c. Quelle est la largeur de la feuille ?

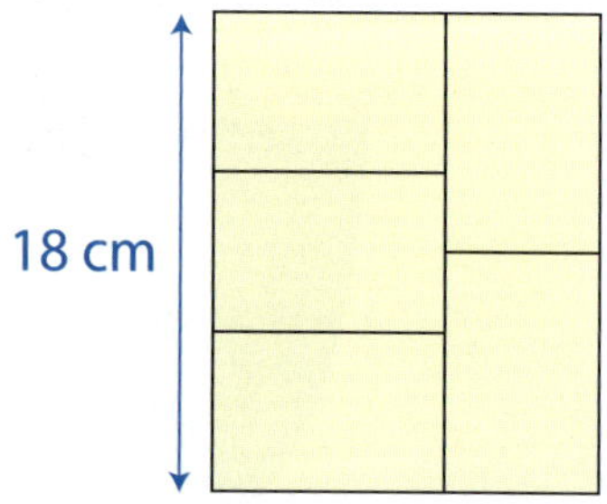

5 Trois enfants d'une classe de mer participent à une pêche à pied.
– Omar a ramassé 28 bigorneaux et 35 coques ;
– Mélanie 36 palourdes et 28 bigorneaux ;
– José 22 coques et 16 bigorneaux.

a. Combien de coquillages de chaque sorte ont-ils ramassés ?

b. Ils se partagent équitablement chaque sorte de coquillages.
Quelle sera la part de chacun ?

6 Sonia veut envoyer un colis à sa cousine pour son anniversaire. Elle envoie une poupée qui pèse 600 g et des livres qui pèsent 250 g chacun. Le colis ne doit pas dépasser 2 kg.

a. Combien de livres peut-elle mettre dans le colis ?

b. Combien pèsera le colis ?

7 Le patron d'un bateau de pêche et ses trois équipiers ont pêché 900 kg de maquereaux. La moitié de la pêche est pour le patron. Les équipiers se partagent le reste.

a. Quelle sera la part du patron ?

b. Quelle sera la part de chaque équipier ?

8 Pour monter au sommet du phare des Baleines, sur l'île de Ré, il faut grimper 257 marches de 22 cm chacune.

a. Quelle est la hauteur de l'escalier de ce phare ? **Écris** la réponse en m et cm.

b. En pleine nuit, le phare est visible à 24 milles. (1 mille = 1 852 m) **Écris** cette distance en km et m.

9 Pour préparer un flan aux pommes, Mélanie achète 2 kg de pommes, 6 œufs, 500 g de farine et un demi-litre de lait.

a. Combien paie-t-elle pour chaque ingrédient ?

b. Combien Mélanie a-t-elle dépensé ?

Pommes	1 € 50 le kg
Œufs	20 c l'unité
Farine	1 € 20 le kg
Lait	90 c le L

*** Merci de votre visite ***

10 Par la route, la distance entre :
- Rouen et Soissons est 180 km.
- Rouen et Beauvais est 84 km.
- Compiègne et Soissons est 39 km.

Quelle est la distance entre :

a. Rouen et Compiègne ?

b. Beauvais et Soissons ?

c. Beauvais et Compiègne ?

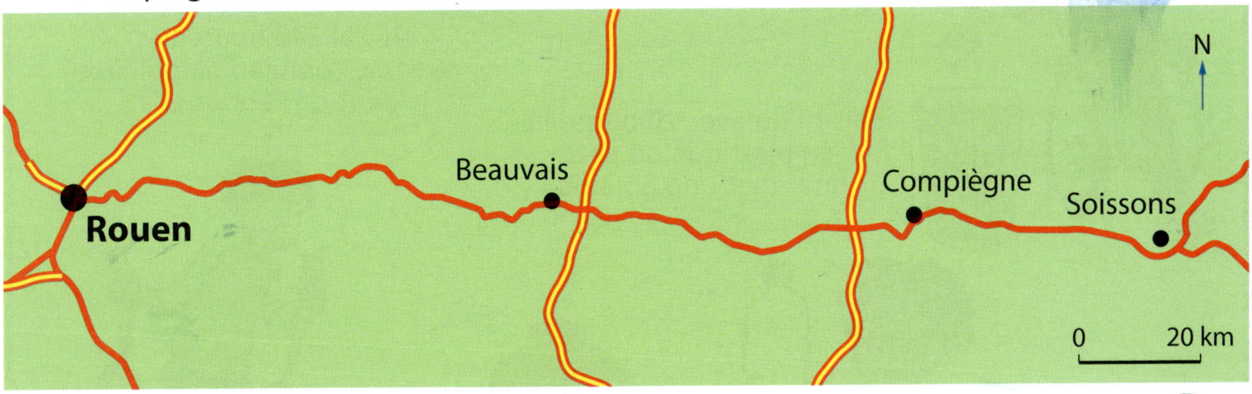

11 Dans les contes de Perrault, les bottes de l'ogre permettent au Petit Poucet de parcourir 7 lieues à chaque pas.

a. Combien de pas doit-il faire pour parcourir 105 lieues ?

b. Une lieue vaut environ 4 km. **Écris** la distance parcourue en kilomètres.

103 Mobilise tes connaissances ! (5)

COMPÉTENCES : Mobiliser ses connaissances et ses savoir-faire pour interpréter des documents et résoudre des problèmes complexes.

Protégeons notre environnement

5. Sais-tu qu'en prenant un bain, on consomme 180 L d'eau, alors qu'en prenant une douche, on n'en consomme que 60 L ? Avec l'eau d'un bain, combien puis-je prendre de douches ?

6. Si, chaque jour, je prends une douche au lieu d'un bain, combien de litres d'eau vais-je économiser par jour ? par an ?

7. Maman, je n'ai pas besoin que tu m'accompagnes. Ta voiture produit 150 g de CO_2 au km. Je n'ai que 4 km à parcourir. Quelle masse de CO_2 ne sera pas produite si je prends mon vélo ?

8. a. Quelle masse de déchets rejetait chaque habitant en 1950 ? En quelle année en rejetait-il le double ?
b. Quelle masse de déchets rejetait une famille de 5 personnes en 2000 ?

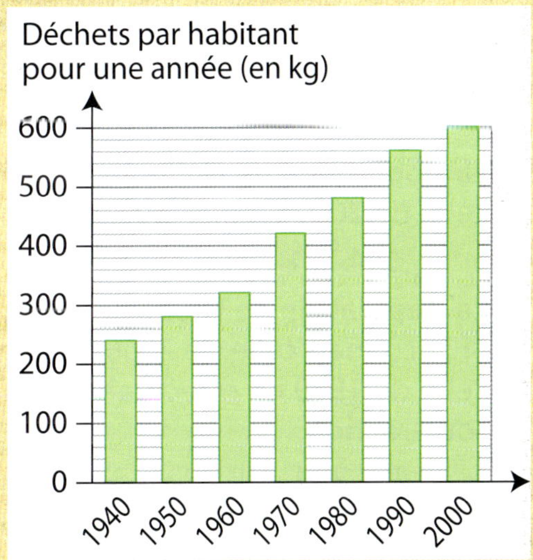

9. Sur ce quadrillage, les 100 carreaux correspondent à 100 kg de déchets. Pour 100 kg de déchets, quelle est la masse de chaque type de déchets ?

	Déchets	Masse en kg
(vert)	Matières biodégradables (épluchures)	....
(violet)	Papier et carton	....
(orange)	Verre	....
(bleu)	Matières plastiques	....
(rouge)	Métaux	5
(jaune)	Textiles	....
(blanc)	Déchets non récupérables	....

J'ai appris à… Et retiens !

♦ … comparer et mesurer une contenance.

La quantité de liquide qui remplit un récipient s'appelle sa **contenance**.
Pour mesurer une contenance, on utilise le **litre (L)** et le **centilitre (cL)**.

1 L = 100 cL

Pour comparer deux contenances, tu dois les exprimer avec la même unité.

Exemple : Pour comparer 2 L et 150 cL
2 L = 200 cL → 200 cL > 150 cL

♦ … connaître et utiliser la touche ÷ de la calculatrice.

Pour diviser 578 par 25, j'utilise les touches suivantes :

5 7 8 ÷ 2 5 =

Le nombre **23.12** s'affiche sur l'écran.
23 est le quotient.
Le nombre **12** placé à droite du point n'est pas le reste de cette division.

♦ … identifier et résoudre une situation soustractive.

La population de l'Allier a diminué. Si je connais celle de 1999, je connaîtrai celle de 2006 en effectuant une soustraction.

344 721 – 1 412 = 343 309

La population de la Savoie a augmenté. Si je connais celle de 2006, je connaîtrai celle de 1999 en effectuant une soustraction.

403 290 – 30 032 = 373 258

	Population 1999	Population 2006	Augmentation	Diminution
Allier	344 721	....		1 412
Savoie	....	403 290	30 032	

♦ … utiliser des instruments de mesure.

Il est important de connaître les valeurs des graduations.

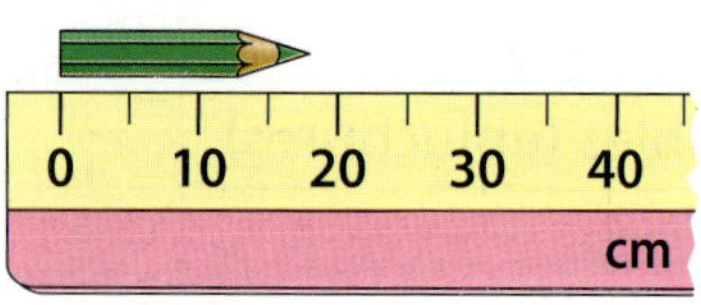

Ce crayon mesure entre 15 cm et 20 cm.
Il mesure environ18 cm.

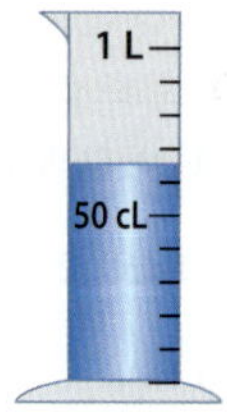

L'éprouvette contient entre 60 cL et 70 cL de liquide. Elle contient environ 65 cL de liquide.

La balance indique une masse comprise entre 1 kg et 1 kg 500 g.
La masse vaut environ 1 kg 200 g.

105  Je fais le point (10)

socle commun

1 **Range** ces contenances de la plus grande à la plus petite.

2 L — 100 cL — 25 cL — 1 L 50 cL — 50 cL

2 Manon ouvre une bouteille de 75 cL de jus d'orange et remplit trois verres de 15 cL.

Combien reste-t-il de jus d'orange dans la bouteille ?

3 **Recopie** et **complète**.

5 L = ... cL

3 L 50 cL = ... cL

2 L 50 cL = ... cL

1 050 cL = ... L cL

4 **Utilise** ta calculatrice pour trouver le quotient de ces divisions.

a. 726 divisé par 9

b. 675 divisé par 7

c. 2 004 divisé par 5

5 Le club de rugby a dépensé 276 € pour acheter 12 ballons.

Quel est le prix d'un ballon ?

6 Sagane cueille 27 marguerites. Elle possède maintenant un bouquet de 73 fleurs.

Combien de fleurs avait-elle au départ ?

7 **Trouve** les bonnes réponses.

L'éprouvette contient :

a. moins de 90 cL d'eau

b. plus de 95 cL d'eau

c. plus de 1 L d'eau

d. entre 80 cL et 90 cL d'eau

e. exactement 85 cL d'eau

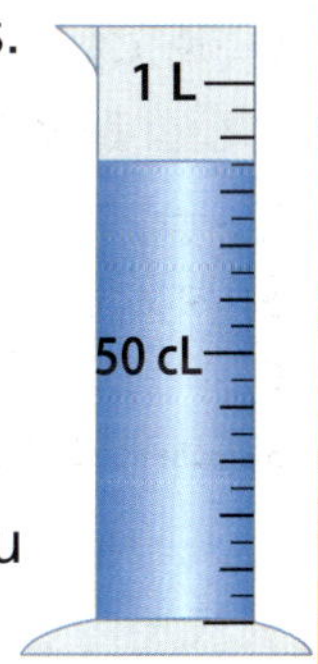

8 Mamie Manou entre dans la librairie avec un billet de 50 €. En sortant, il lui reste 15 €.

A-t-elle acheté 3 livres à 15 € ? 5 livres à 5 € ? ou 7 livres à 5 € ?

106 Des problèmes pour découvrir le monde (5)

COMPÉTENCE : Appliquer ses connaissances au monde qui nous entoure.

1 Un pays de poètes

Voici les portraits de quatre grands poètes français rangés par ordre alphabétique.

Guillaume Apollinaire
1880-1918

René Char
1907-1988

Alfred de Musset
1810-1857

Arthur Rimbaud
1854-1891

a. Chaque bande colorée correspond à la durée de vie d'un poète. Associe chaque bande à son poète.

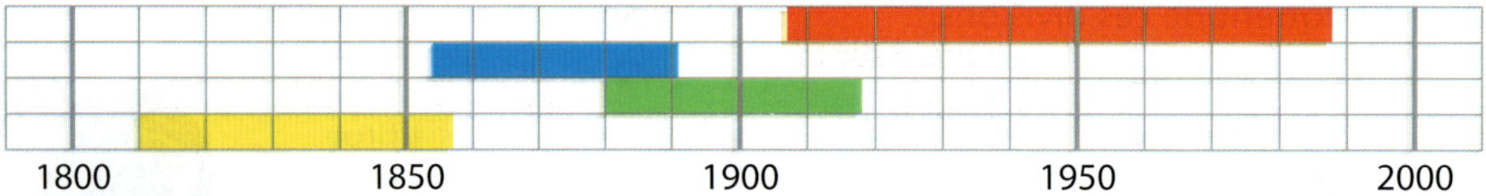

b. Calcule, sans poser d'opération, à quel âge est mort chacun de ces poètes.

c. Quel âge avait Musset à la naissance de Rimbaud ?
Quel âge avait Rimbaud à la naissance d'Apollinaire ?

Voici quatre œuvres de ces poètes et l'année où elles ont été écrites.

d. Écris le nom de chaque poème et le nom de son auteur.

e. Quel âge avait l'auteur du *Dormeur du val* lorsqu'il a écrit ce poème ?

2 Une croissance très rapide

Une femelle criquet pond 40 œufs. Des petits criquets naissent 2 semaines plus tard. Ils grandissent par 5 mues successives, comme indiqué ci-contre.

a. Si les œufs ont été pondus le 20 mai, à quelle date les petits criquets vont-ils naître ? Quelle est leur taille ?

b. À quelle date ces criquets atteignent-ils l'âge adulte ? Quelle est leur taille ?

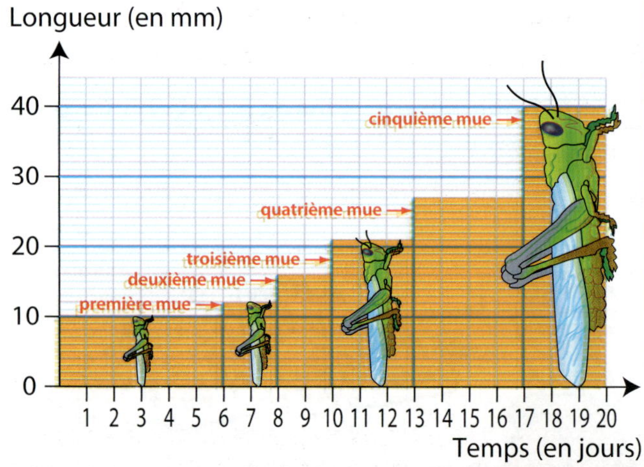

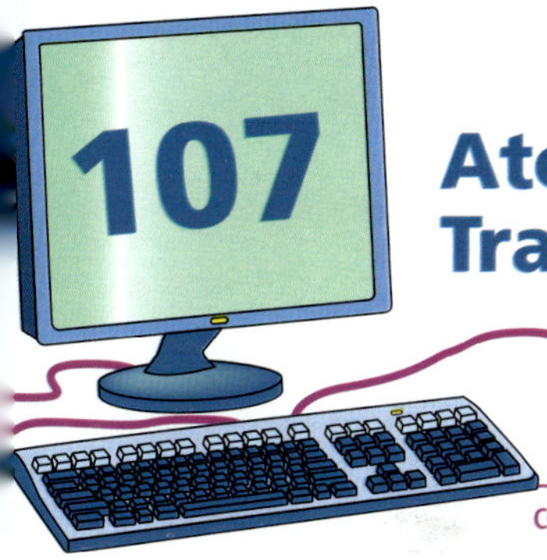

107 Atelier informatique (1) Tracer un rectangle, un carré...

COMPÉTENCE : Utiliser les outils de dessin d'un traitement de texte pour tracer des rectangles, des carrés et des cercles.

1. Ouvre le traitement de texte OpenOffice Writer*.
Vérifie si la barre de boutons ci-dessous apparaît en bas de la fenêtre.

Si elle n'apparaît pas, clique sur le bouton  « Dessin » dans la barre du haut.

2. Clique sur la flèche noire à droite du bouton « **Formes de base** » .
Voici ce que tu obtiens :

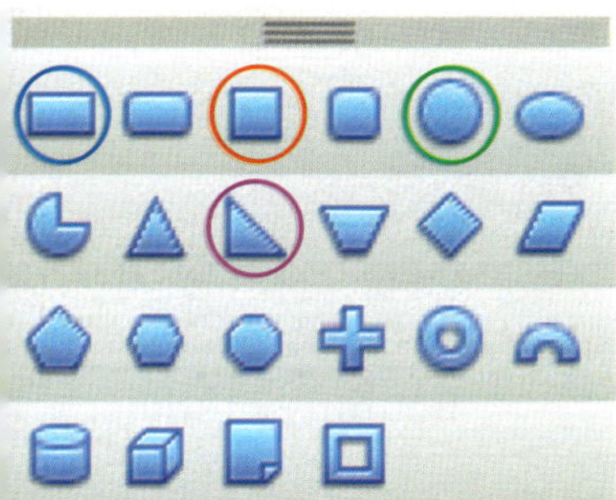

a. Pour tracer un rectangle
- Clique sur le **rectangle**.
- Pour le tracer, déplace la souris, clic gauche maintenu.

b. Pour tracer un carré
- Clique sur le **carré**.
- Pour le tracer, déplace la souris, clic gauche maintenu.

c. Pour tracer un cercle
- Clique sur le **cercle**.
- Pour le tracer, déplace la souris, clic gauche maintenu.

d. Pour tracer un triangle rectangle
- Clique sur le **triangle rectangle**.
- Pour le tracer, déplace la souris, clic gauche maintenu.

3. Clique ensuite sur l'une des figures que tu as tracées. En utilisant les boutons ci-dessous, modifie l'aspect et la couleur des côtés et des surfaces.

Par exemple, essaie d'obtenir ces figures :

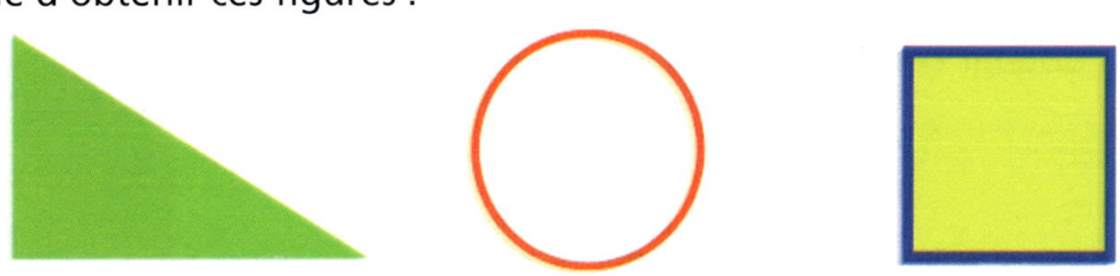

* Cette activité est conçue à l'aide du logiciel OpenOffice. Elle peut être facilement adaptée et réalisée avec tout **logiciel de traitement de texte équipé des outils de dessin** (Microsoft Word...).

Atelier informatique (2)
Tracer un pavé, un cube

COMPÉTENCE : Utiliser les outils de dessin d'un traitement de texte pour tracer des pavés, des cubes.

1. Ouvre le traitement de texte OpenOffice Writer*.

Reporte-toi à l'atelier précédent si cette barre de boutons n'apparaît pas.

2. Pour tracer un pavé

– Clique sur la flèche noire à droite du bouton « **Formes de base** » .

– Trace d'abord un rectangle.

– Clique sur le bouton  dans la barre « Dessin ».

Un pavé apparaît ainsi qu'une barre de boutons « Paramètres 3D ».

Boutons « Incliner »

– Pour voir les faces cachées du pavé, clique plusieurs fois sur les boutons « **Incliner**... ».

– Pour voir les arêtes du pavé, clique sur la flèche noire à droite du bouton « **Surface** » . Choisis « **Fil de fer** ».

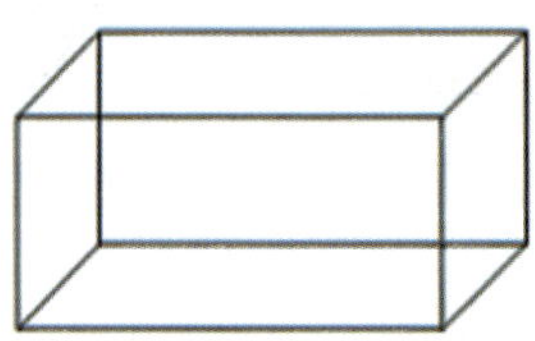

3. Pour tracer un cube

– Clique sur la flèche noire à droite du bouton « **Formes de base** ».

– Trace un carré et exécute ensuite les mêmes étapes que pour tracer un pavé.

4. Clique ensuite sur l'une des figures que tu as tracées. En utilisant les boutons ci-dessous, modifie l'aspect et la couleur des arêtes et des faces.

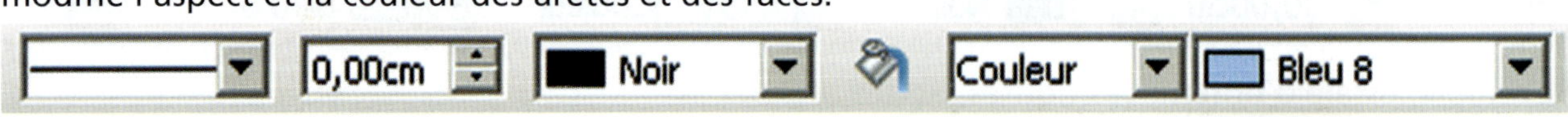

Par exemple, essaie d'obtenir ces figures :

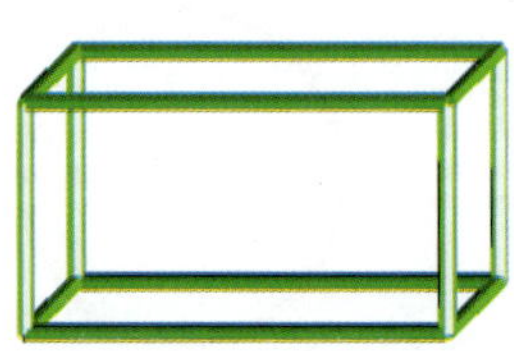

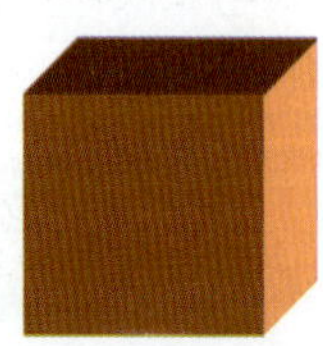

* Cette activité est conçue à l'aide du logiciel OpenOffice. Elle peut être facilement adaptée et réalisée avec tout **logiciel de traitement de texte équipé des outils de dessin** (Microsoft Word...).

109 Atelier informatique (3)
Tracer des figures planes et des solides

COMPÉTENCE : Réinvestir l'utilisation des outils de dessin d'un traitement de texte pour tracer des figures planes et des solides.

1. Ouvre le traitement de texte OpenOffice Writer*.

Reporte-toi aux ateliers précédents si cette barre de boutons n'apparaît pas.

2. Reproduis ce dessin.
Reporte-toi à l'Atelier informatique (1) pour :
- tracer un rectangle, un triangle, un cercle…
- colorier…

3. Pour transformer la maison en 3D (trois dimensions) :
- clique sur le rectangle qui représente le mur,

puis clique sur le bouton  ;
- clique sur le triangle qui représente le toit,

puis clique sur le bouton .

Fais de même pour les arbres.

* Cette activité est conçue à l'aide du logiciel OpenOffice. Elle peut être facilement adaptée et réalisée avec tout **logiciel de traitement de texte équipé des outils de dessin** (Microsoft Word, …).

- **Conception de la maquette intérieure :** Estelle Chandelier
- **Conception et réalisation de la couverture :** Estelle Chandelier avec une illustration de Jean-Louis Goussé
- **Illustrations intérieures :** Andrea Kruis
- **Création de la mascotte Mathéo :** René Cannella
- **Dessins techniques et cartographie :** Gilles Poing
- **Recherche iconographique :** Anne Pekny
- **Mise en page :** Médiamax
- **Fabrication :** Nicolas Schott
- **Édition :** Janine Cottereau-Durand et Pauline Gaberel
- **Références photographiques : (p. 22)** *de gauche à droite* : © N. Aujoulat/CNP/MCC ; © Stéphanie Saïsse ; © Wojtek Buss/Age Fotostock/Hoa-Qui ; © B. Lawrence/Imagestate/GHFP ; © Catherine Bibollet/Top – **(p. 36)** © Gilles Rolle/REA – **(p. 40)** *bas gauche* : © J. Dallet/Age Fotostock/Hoa-Qui/Eyedea ; *haut droite* : © Guy Thouvenin/Hoa-Qui/Explorer/Eyedea ; *bas droite* : © Selva/Leemage – **(p. 66)** © Stefan Sahm/STERN-LAIF-REA – **(p. 67)** *haut* : © François HENRY/REA ; *milieu* : Éric Baccega/JACANA ; *bas* : HAGENMULLER J.F./HOA-QUI/Eyedea – **(p. 96)** *de haut en bas* : © ALTITUDE/Yann Arthus-Bertrand ; © The Art Archive/Château/Dagli Orti ; © José Fuste Raga/AGE FOTOSTOCK/HOA-QUI ; © JALAIN Francis/EXPLORER/HOA-QUI – **(p. 97)** © Laurent GRANDGUILLOT/REA – **(p. 100)** *de gauche à droite* : © Photothèque HACHETTE ; © Photothèque HACHETTE ; © Photothèque HACHETTE ; © MALI/GAMMA ; © Photothèque HACHETTE ; © Photothèque HACHETTE ; © Photothèque HACHETTE – **(p. 107)** © Nasa/Novapix – **(p. 125)** © Mike Hill/Getty Images – **(p. 126)** *de haut en bas* : © Dorothea Schmid/Gruppe28-REA ; © PERRIN Thierry/HOA-QUI – **(p. 127)** *de haut en bas* : © Stéphanie Saïsse ; © Photothèque HACHETTE – **(p. 130)** © RENAUDEAU Michel/HOA-QUI – **(p. 151)** *de gauche à droite* : © RENAUDEAU Michel/HOA-QUI ; © RENAUDEAU Michel/HOA-QUI – **(p. 156)** *de gauche à droite* : © AKG-Paris ; © ASSIER Serge/GAMMA ; © Josse ; © Photothèque HACHETTE – **(p. 118)** *timbres* : © La Poste.

ISBN : 978-2-01-117387-4

www.hachette-education.com

PAPIER À BASE DE FIBRES CERTIFIÉES

hachette s'engage pou[r] l'environnement en réduisant l'empreinte carbone de ses livres Celle de cet exemplaire est de : 1350 g éq. CO_2
Rendez-vous sur www.hachette-durable.fr

Achevé d'imprimer en Espagne par Macrolibros
Dépôt légal : Mai 2014 - Collection n° 85 - Édition 06 - 11/7387/1

La monnaie

Les pièces

Les billets